しくみ図解

繊維の種類と加工が一番わかる

▶原料・加工・用途などを図解。
最終製品までの流れがわかる

日本繊維技術士センター 編

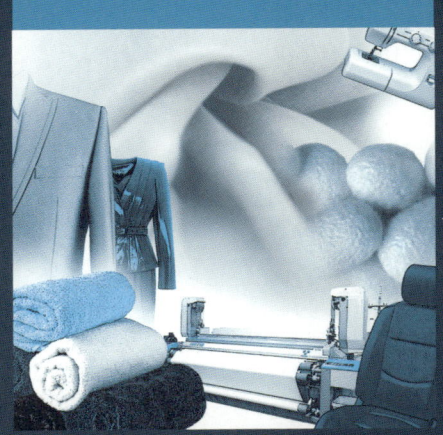

技術評論社

はじめに

　繊維産業は、明治維新後の日本の産業革命、また、第二次世界大戦後の復興を支えた主要な産業の1つです。さらに昭和30年代には、貿易摩擦を引き起こすほどの代表的な輸出産業になりました。ただし昨今では輸入超過状態で、生産基地も人件費の安い海外への移転が進んでいます。

　しかしながら、大手百貨店における売上は、依然として繊維製品が最大の比率を占めています。また、衣料品ばかりでなく、インテリアや寝具、バッグやシューズなどにも繊維は用いられています。このことは、生産者ばかりでなく、消費者に届けるために繊維製品に係わる人も非常に多いことを意味しています。そして何より消費者として、皆さんは繊維製品に毎日取り囲まれているのです。

　ところが、繊維に関する教育環境は以前のように充実したものではなく、たとえば大学においては、繊維学部があるのは信州大学ただ1校のみとなってしまいました。すなわち、繊維に関する専門的な教育を受けることなく、繊維に関わる仕事をしている人がほとんどなのです。

　われわれ一般社団法人日本繊維技術士センターは、原料繊維から繊維製品に至るまでの、各種の専門技術に関する知識と経験を有する者の集まりで、繊維に関する基礎知識を広めるために、教育活動に力を入れています。

　この度、ジーグレイプ株式会社の矢野杏さんから、繊維、及び、繊維製品のわかりやすい解説書の企画が提案され、われわれの教育活動の一環として喜んで引き受け、メンバーで分担執筆しました。天然繊維から合成繊維に至る原料繊維、織編物の製造や性質と染色仕上げ加工、そして最終縫製品が出来上がるまでを、流れに沿って記述しています。

　繊維について興味を深め、自ら、繊維を扱う仕事についてみようかと志す人が、一人でも多く生まれるとすれば、著者一同にとって大きなよろこびです。

　　　　　　　　　　　　　　　　2012年5月吉日　著者を代表して　福原 基忠

繊維の種類と加工が一番わかる
――原料・加工・用途などを図解。最終製品までの流れがわかる――

目次

はじめに…………3

第1章 繊維ってどんなもの…………9

1　繊維とは…………10
2　繊維から糸へ…………12
3　糸から衣料品ができるまで…………14
4　繊維の需要と供給…………16
5　衣料用以外でも使われている繊維…………18

第2章 天然繊維…………23

1　麻…………24
2　綿…………26
3　絹…………28
4　羊毛…………30

CONTENTS

第3章 化学繊維 …………33

1 ポリマー（高分子）から繊維へ……………34
2 再生繊維・半合成繊維……………36
3 合成繊維…………38
4 合成繊維の要素技術①　異形断面繊維……………42
5 合成繊維の要素技術②　複合繊維……………44
6 合成繊維の要素技術③　混繊技術……………46
7 合成繊維の要素技術④　加工糸…………48
8 合成繊維の要素技術⑤　極細繊維…………50
9 合成繊維の要素技術⑥　染色性・発色性向上技術……………52
10 合成繊維のプロセス革新……………54

第4章 織物…………59

1 織物とは…………60
2 織物の種類…………62
3 織物組織の表し方……………64
4 織物組織の種類①…………66
5 織物組織の種類②…………70
6 製織準備…………72
7 製織…………74
8 織物の柄出し……………78

第5章 編物 ……… 81

1. 編物とは ……… 82
2. 編物の種類 ……… 84
3. 編目 ……… 86
4. 編密度の表し方と編組織 ……… 88
5. よこ編 ……… 90
6. たて編 ……… 94
7. 編成 ……… 96
8. 編機 ……… 98
9. ニット製品の製造 ……… 102

第6章 布地の性質 ……… 105

1. 機械的性質 ……… 106
2. 外観特性 ……… 108
3. 寸法安定性 ……… 110
4. 衛生機能的特性 ……… 112
5. 風合い特性 ……… 114

CONTENTS

第7章 染色仕上げ加工 ……………117

1 染色仕上げ加工とは……………118
2 着色剤……………120
3 着色方法……………122
4 染色前の準備工程……………124
5 浸染……………128
6 捺染……………134
7 仕上げ加工……………140
8 繊維製品の苦情、トラブル……………146

第8章 縫製と製品 ……………149

1 アパレル製品の企画・設計……………150
2 縫製工程……………152
3 縫製機器……………154
4 製品の組成表示……………158
5 取扱い表示……………160
6 原産国表示……………162
7 サイズ表示……………164

CONTENTS

第9章 進化する合成繊維……………171
  1 制電・導電性…………172
  2 吸水・吸湿性…………174
  3 撥水・防水・透湿性…………176
  4 軽量保温性…………178
  5 消臭・抗菌防臭・制菌素材…………180

  用語索引…………182

◆ コラム｜目次

  「せんい」の意味と生命…………22
  関東の「絹の道」…………32
  「新合繊」について…………58
  シャットルって何？…………80
  メリヤスを漢字で書くと？…………104
  斜行（脇線のねじれ）…………116
  TES（繊維製品品質管理士）について…………148
  PL法…………170

第 1 章

繊維ってどんなもの？

繊維は私たちの生活になくてはならないものです。
毎日の衣服はもちろん、医療やスポーツ、
環境などのさまざまな分野に使われています。
多種多様な繊維を学ぶ前に、
まずは繊維の概要について見てみましょう。

1-1 繊維とは

●繊維とは

　生活の三大要素として、一般に「衣・食・住」があげられます。その一番はじめに出てくる「衣」の中心になるのが繊維です。人類の祖先は、よくマンガにあるように、食用にした獣の皮を剥いで身にまとっていたと思われますが、そのうちに植物や動物から繊維を取り出し、布などにして用いていたと考えられています。

　「繊維」を一般の国語辞典で引いてみると、①生体を組織する構造のうち、細い糸状のもの、②一般に細い糸状の物資（広辞苑）とあり、①の意味は、健康によい「食べる繊維」などといわれる繊維素のことを指しています。「繊維」は、このように目に見えないほどの細いものも含んでいます。

　一方、工業的な意味での「繊維」は、JIS（日本工業規格）で定められており、「糸、織物などの構成単位で、太さに比べて十分の長さをもつ、細くてたわみやすいもの」となっています。ここでいう「十分な長さ」とは、通常、その直径に対して100倍以上の長さをいいます。ガラスや金属などのように硬いものでも、十分に細くすれば、たわみやすく「繊維」とすることができます。このように、繊維はその構成している素材によらず、「細くて長い」という形状で決められているということができます。

●繊維の分類

　衣料に使われる天然の繊維としては、植物の茎や葉から繊維を取り出した「麻・フラックス（亜麻）およびラミー（苧麻）」、羊の体表面の毛を切りとった「羊毛・ウール」、綿の種を保護するために、それを包むように密生しているリントと呼ばれる綿毛「綿・コットン」、蚕が繭を形成する時に吐き出す「絹・シルク」などがあります。

　これに対し、化学的な手法で人工的に作り出した繊維を総称して「化学繊維」あるいは「人造繊維」と呼んでいます。約130年前にフランスで、天然

のセルロースから、はじめて人造繊維が生まれました。光沢もある繊維で、光る繊維からレーヨンとも、人造絹糸とも呼ばれました。天然物から再生しているので、再生繊維とも呼ばれます。

それから約50年後に、原料となるポリマー（高分子）を化学的に作り出し（合成）、本格的な化学繊維すなわち「合成繊維」の時代が始まります。この時に生まれたのがナイロンですが、その後皆さんおなじみの、ポリエステルやアクリル繊維などが、次々と作られていきました。日本で発明された合成繊維はビニロンですが、最近では衣料用にはほとんど使われていません。

繊維の分類を、表1-1-1に示しました。

表1-1-1　繊維の分類

天然繊維	植物繊維	靭皮・葉脈繊維(麻)、種子毛繊維(綿)、その他
	動物繊維	動物毛繊維(羊毛・獣毛)、絹、羽毛
	鉱物繊維	石綿(アスベスト)
化学繊維	再生繊維	レーヨン、キュプラ、リヨセル
	半合成繊維	アセテート
	合成繊維	ナイロン、ポリエステル、アクリル、ビニロン、その他
	無機繊維	ガラス繊維、炭素繊維、金属繊維、その他

1-2 繊維から糸へ

●長繊維と短繊維

　絹のように連続した長い繊維をフィラメント（長繊維、FY：Filament Yarn）といいます。これに対し、綿や羊毛のように短い長さで切れているものをステープル（短繊維、SF：Staple Fiber）といいます。代表的な繊維の長さを、表1-2-1に示しました。

　化学繊維は、フィラメントとして作られますが、これを切断することにより、ステープルとすることもでき、いずれの形態でも使用することができます。

●繊維から糸へ

　「繊維」というのは、細くて長いものの総称ですが、織・編物を形成するなど、実用的な繊維の束を「糸」といいます。たとえば、織物のたて糸、よこ糸、編物にされる毛糸、布を縫い合わせる縫い糸などです。ステープルは、そのままではバラバラになるので、紡績をして糸にします。フィラメントはそのまま束ねて糸として用いることができます。束でなく1本だけの長繊維をモノフィラメントといい、ネットなどに使用されることもあります。

●紡績

　ステープルの塊から、繊維をほぐし、くしけずるようにして繊維を並べ、撚りをかけて束ねて糸にすることが紡績です。紡績の概念を図1-2-1に示します。紡績糸（図1-2-2）には、ところどころ毛羽があり、かさ高性を示し、柔軟で、保温性もあります。

　紡績工程では、原料の綿の段階で異なる原料を混ぜることができ、これを混紡といいます。天然繊維と合成繊維を混紡することも可能で、天然繊維に、強度や寸法安定性を付与することができます。

●フィラメント加工糸

　一方、フィラメントは、そのままでは真っ直ぐな繊維で、特に化学繊維の場合には単なるプラスチックの繊維の束であるため、多くの場合、縮れた捲縮（けんしゅく）をかける加工が必要となります。

　代表的な仮撚加工の概念を図 1-2-3 に示しました。仮撚加工糸（図 1-2-4）にすることで、紡績糸と同じような、かさ高性や、柔軟性、保温性を与えることができます。

　加工糸の加工方法には、さまざまな手段がありますが、後の章で述べます。

表 1-2-1　繊維の長さ

繊維の種類	長さ（mm）	太さ（μm）
亜麻	25～30	15～17
苧麻（ちょま）	70～280	25～75
綿（アップランド綿）	24～30	18～20
絹	1200000～1500000 （1200 m～1500 m）	10～13
羊毛（メリノ種）	75～120	13～28
化学繊維	いくらでも長く	設定自由

図 1-2-1　紡績の概念

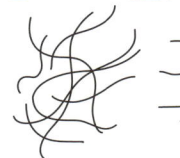

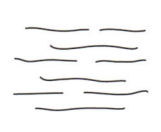

①繊維をほぐす　②繊維を並べる　③撚り束ねて糸にする

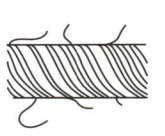

図 1-2-2　紡績糸

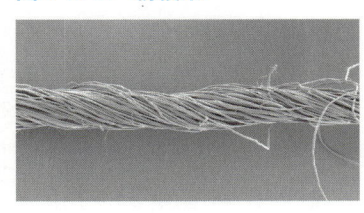

図 1-2-3　仮撚加工の概念

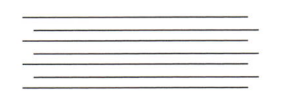

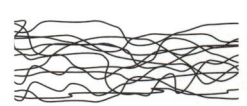

①フィラメントはそのままでは真っ直ぐなので各種の捲縮加工を施す　②真っ直ぐだったフィラメントは縮れると紡績糸のような特性を持つ

図 1-2-4　仮撚加工糸

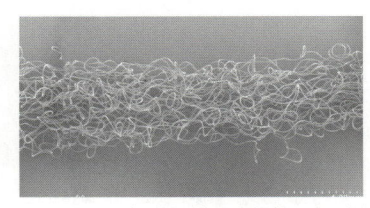

（2点とも）写真提供：東レ㈱

1・繊維ってどんなもの

1-3 糸から衣料品ができるまで

●製品ができるまでの流れ

　繊維が店頭に並べられる最終製品になるまでには、いくつもの工程があります。最終製品ができるまでの流れを、模式的に図 1-3-1 に示しました。

●繊維原料

　天然繊維は、それぞれ採取するわけですが、不純物や汚れを含んでおり、それらを取り除くために、多くの手間がかかります。

　合成繊維は、原材料となるポリマーを、一般には石油化学製品から合成して作ります。再生繊維の場合は、天然ポリマーを化学的に処理して、繊維製造のための原料とします。

●糸

　絹を除き、天然繊維は紡績して、長い連続した糸にします。絹も、くず繭などの副蚕糸を用いて、紡績して絹紡糸とすることもあります。

　化学繊維は、短く切断して、ステープルとして紡績するか、そのまま束ねて撚りをかけて使います。多くの場合、かさ高性を必要とするので、いろいろな手段で、加工糸にされます。

●布

　織物（図 1-3-2）は、たて糸とよこ糸が直角に交差してできている布です。交差のさせ方次第で、いろいろな組織ができます。編物（図 1-3-3）は、糸がループを作って絡み合った布です。

●染色

　布全体を染める場合は、染色液に布を浸けます。糸または、綿の段階で、染めることもあり、先染めといいます。仕上がった布に、印刷するように柄

をのせることもあり、これを捺染（なっせん）といいます。

●仕上げ加工

染色中のゆがみを補正したり、寸法安定性を与えます。また、風合いや外観を変える物理的な加工や、布に新規の機能を付与するためのさまざまな加工が施されます。

●縫製

デザインを決め、それぞれのパーツを作り、それらを縫い上げることによって、最終製品が完成します。

上記それぞれの工程については、後に詳しく述べます。

図 1-3-1　製品ができるまで

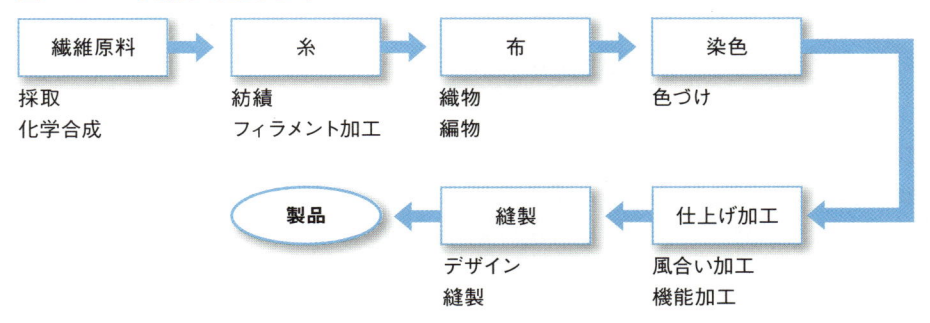

```
繊維原料  →  糸           →  布        →  染色
採取         紡績             織物         色づけ
化学合成     フィラメント加工   編物

製品  ←  縫製         ←  仕上げ加工
         デザイン         風合い加工
         縫製             機能加工
```

図 1-3-2　織物の例　　　　図 1-3-3　編物の例

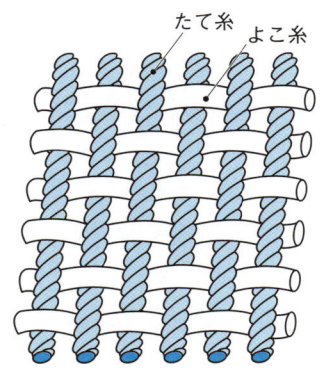

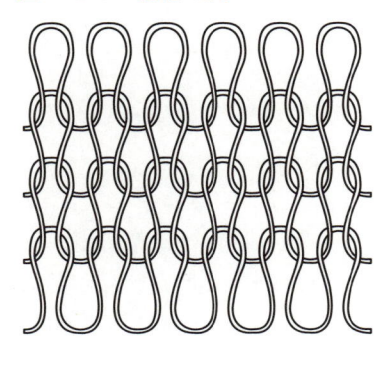

（たて糸、よこ糸）

1・繊維ってどんなもの

1-4 繊維の需要と供給

●繊維の消費量

　国民1人あたりの繊維の消費量は、その国のGDPに対応して増大するといわれています。少し古い資料ですが、2000年時点で、アメリカでは1人当たりの消費量が約30kg、韓国25kg、日本・ドイツ・イギリスで約22kg、中国で6kgとなっています。中国はこのところ経済発展が著しいので、現在ではかなり大きくなっていることが予想されます。また、今後も世界的な人口増加や、発展途上国のGDPの上昇により、繊維製品の消費量はますます増大すると考えられます。

●世界の繊維の需要と供給

　2008年時点での繊維の世界での総需要量は、図1-4-1に示したように、約7000万トンです。素材別で見ると、化学繊維が天然繊維を超えて57%を占めています。天然繊維で最も多いのは綿です。合成繊維の内訳では、ポリエステルが圧倒的に多く（図1-4-2）、その比率は80%を超えており、最近では綿の生産量より多くなっています。

　この合成繊維の各国・地域別の生産量を見ると、中国の生産量が圧倒的に多く、約60%におよんでいることがわかります（図1-4-3）。この傾向はまだまだ続くと思われます。日本の生産量は現在、世界の生産量の約2%にすぎません。日本の合成繊維の生産は、1990年代初めには、年間約180万トン程度あったものが、ここ8年間でも年々減少して、最盛期の約30%になっています。（図1-4-4）

　このことは、図1-4-5に示した、繊維製品の輸出入の関係にもはっきり現れています。現在日本は、輸入量が輸出量の約4倍という輸入大国です。中国を始め、海外から大量の製品が輸入されてきています。

　今後の国内生産品は、低コスト重視の輸入品に対抗し、技術開発に力を入れ、高性能・高機能の製品としていく必要があります。

図1-4-1 世界の繊維の需要

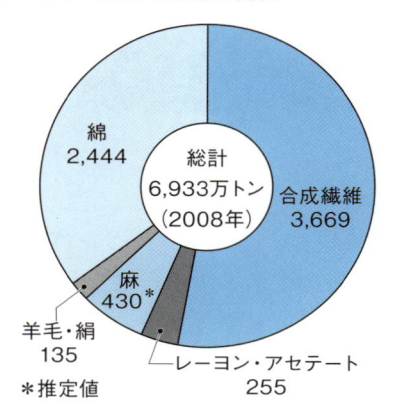

- 合成繊維 3,669
- 綿 2,444
- 麻 430*
- 羊毛・絹 135
- レーヨン・アセテート 255
- 総計 6,933万トン（2008年）
- *推定値

図1-4-2 世界の合成繊維生産量の内訳

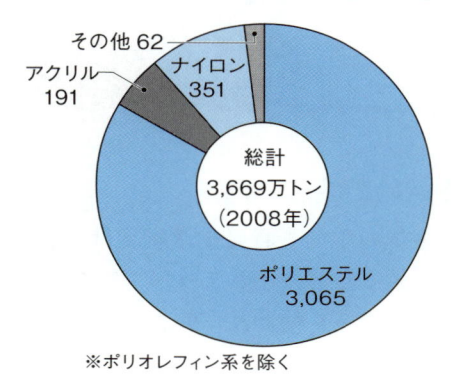

- ポリエステル 3,065
- ナイロン 351
- アクリル 191
- その他 62
- 総計 3,669万トン（2008年）
- ※ポリオレフィン系を除く

図1-4-3 国・地域別の合成繊維生産量

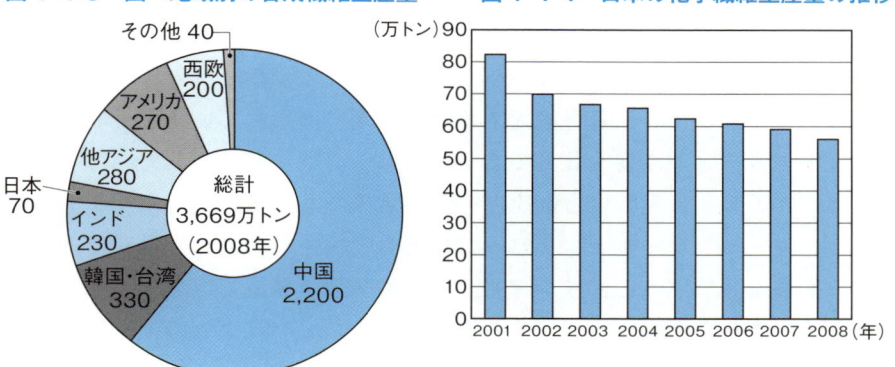

- 中国 2,200
- 韓国・台湾 330
- インド 230
- 日本 70
- 他アジア 280
- アメリカ 270
- 西欧 200
- その他 40
- 総計 3,669万トン（2008年）

図1-4-4 日本の化学繊維生産量の推移

図1-4-5 日本の繊維製品輸出入

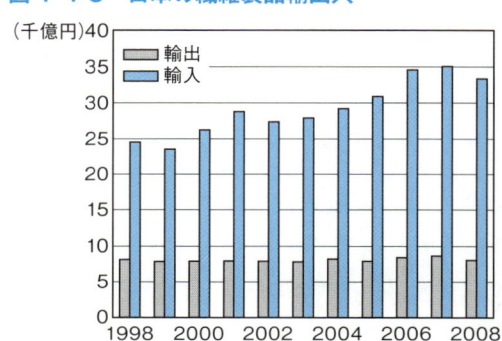

（5点とも日本化学繊維協会資料をもとに作成）

1・繊維ってどんなもの

1-5 衣料用以外でも使われている繊維

●繊維の幅広い用途

　繊維の中でも特に化学繊維は、衣料用以外にも、カーテン、カーペット、椅子張りなどのインテリア、寝具やオムツなどの生活・衛生資材など、身のまわりで多く使われていますが、産業・工業資材としても多くの重要な用途があります。細く・長く・しなやかな繊維の特性が生かされているのです。

●自動車用途

　自動車の中を見てみると、図1-5-1のように繊維で作られたさまざまなものが目に入ります。シート、カーペット、天井などは、家屋のインテリアと同様のものですが、特に日光に対する耐光性が考慮されています。

　シートベルトと並ぶ安全装備であるエアバッグは、収納されていて普段は見えません。当初は運転席と助手席のみの装備でしたが、最近はサイドエアバッグやカーテンシールドエアバッグなども装備されるようになってきています。衝撃を感知すると、インフレータ（ガス発生装置）に点火され、瞬時に膨らみ、乗員を衝撃から保護する装置です。エアバッグ用の繊維に要求される性能は、高強度、耐熱性（ガスの発熱に耐えられる）、収納性（生地が薄く柔軟である）、低通気性などがあげられます。繊維素材としては、もっぱらナイロン66が用いられています。通気性に関しては、ゴムでコートすることが行われてきましたが、細い繊度の糸を高密度織物としたノンコート基布も採用されています。

●タイヤにも繊維

　自動車のタイヤには、ゴムを補強するための繊維材料がタイヤコードとして使用されています。図1-5-2は自動車のラジアルタイヤのモデル図ですが、タイヤの周方向にベルト材、幅方向にカーカス材が使われています。ベルト材としては主にスチール繊維が、カーカス材としてはポリエステル、ナイロ

ン、レーヨンなどが使われます。

●航空機用途

　最近、日本が世界に先駆けて、米ボーイング社の新型旅客機787を導入しました。この飛行機は、従来型の777で機体重量の12％程度だった炭素繊維複合材の使用比率を、約50％にまで高めています（図1-5-3）。
　炭素繊維複合材料はアルミ合金などに比べ、軽くかつ強度や弾性率が高い

図1-5-1　自動車の内部
- シートベルト：ナイロン
- 天井：ポリエステル
- シート：ポリエステル、牛革
- エアバッグ：ナイロン
- カーペット：ポリエステル、ナイロン、ポリプロピレン

図1-5-2　タイヤの構造
- ベルト
- カーカス

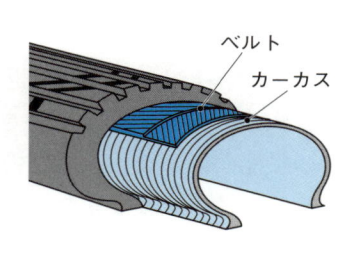

図1-5-3　航空機に使われる炭素繊維複合材

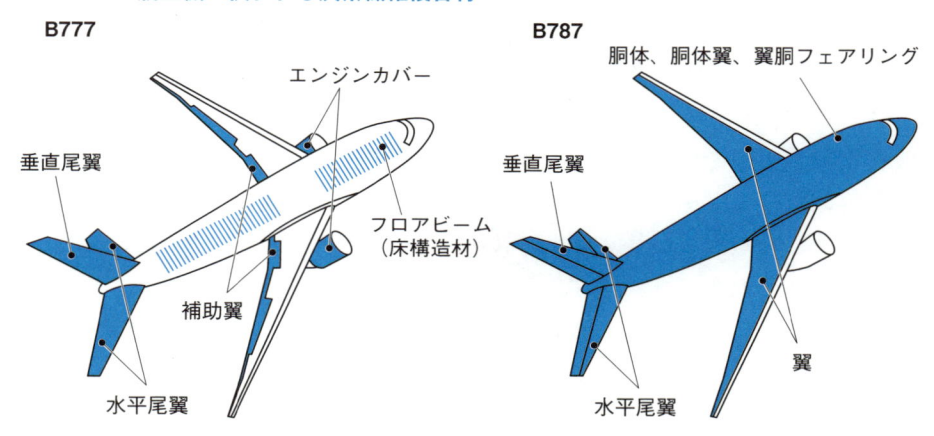

B777
- 垂直尾翼
- エンジンカバー
- フロアビーム（床構造材）
- 補助翼
- 水平尾翼

B787
- 胴体、胴体翼、翼胴フェアリング
- 垂直尾翼
- 翼
- 水平尾翼

ので、機体の大幅な軽量化が実現し、燃費の削減にも貢献しています。

炭素繊維は、アクリル（PAN）繊維を高温で蒸し焼きにすることによって製造されています。石油や石炭の残渣であるピッチから製造する方法もありますが、ピッチ系の炭素繊維は強度が低く、用途が限定されています。

PAN系炭素繊維は、アクリル繊維を加熱処理し、窒素や水素を焼き飛ばし、炭素だけを残した炭素繊維です（図1-5-4）。炭素繊維の定義は、質量の90％以上が炭素からなるというものです。

なお、炭素繊維は、航空機ばかりでなく、自動車にも一部使われていますが、ゴルフクラブ、テニスラケット、釣竿、スキーなどのスポーツ・レジャー分野で多く使用されており、目にする機会も多いことと思います。

●人工透析

腎臓は、血液中の老廃物を除去し、尿として体外に排出する器官ですが、この機能が働かなくなった場合に人工透析を行います。

ここでは、微細な孔を多数有する中空状の繊維が使われます。

体内からの老廃物を含む血液は、中空繊維の内部に導入され微細孔からにじみ出て、外部を流れる透析液により除去されます（図1-5-5）。中空糸は多数本束ねられ、モジュールを形成しています。

この微細孔の孔径は、使用するポリマーの種類とその紡糸条件により、目的に応じて精密に制御され、医療用途ではウイルスの分離膜、人工肺など、水処理では海水の淡水化、上下水道の浄化などを含めて、広く使われています。

●化学繊維技術の展開

これまで、4種の具体例を述べてきましたが、化学繊維をはじめとした繊維技術はさまざまな分野（図1-5-6）に展開されています。

原料のポリマーを自在に設計する技術があり、これを細く・長くして繊維化すると、編織物ばかりでなく、取り扱いやすいいろいろな形態に加工することができるためです。情報・通信、医療・ヘルスケア、スポーツ・生活、環境、土木・建築、宇宙・航空・自動車分野など、主要な分野で繊維技術が活用されています。

図 1-5-4　PAN 系炭素繊維の製造プロセス

熱処理
- 空気中〜300℃
- 不活性雰囲気中 1000〜1500℃

アクリル(PAN)繊維 → 耐炎化繊維 → 炭素繊維（質量の 90％ 以上が炭素）

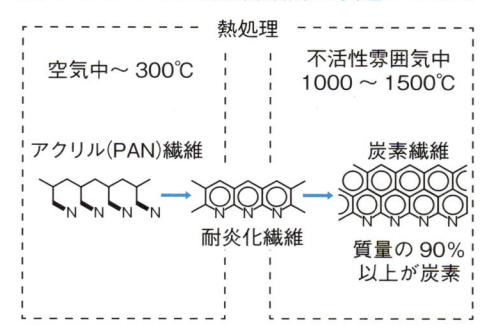

図 1-5-5　人工透析の原理（概略図）

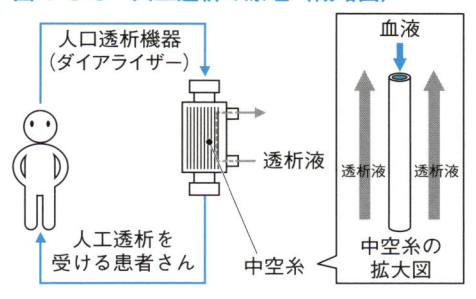

人口透析機器（ダイアライザー）
人工透析を受ける患者さん
透析液
中空糸
血液
中空糸の拡大図

図 1-5-6　化学繊維技術の展開

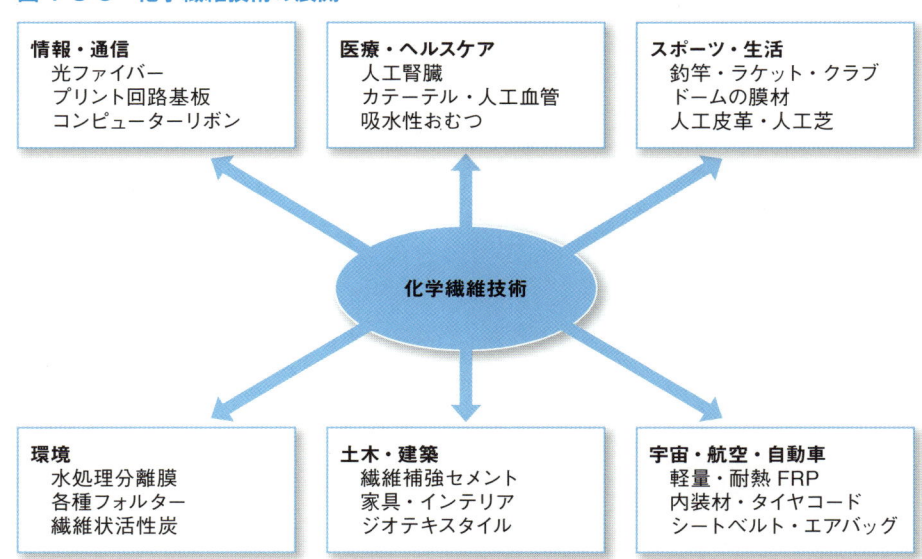

情報・通信
- 光ファイバー
- プリント回路基板
- コンピューターリボン

医療・ヘルスケア
- 人工腎臓
- カテーテル・人工血管
- 吸水性おむつ

スポーツ・生活
- 釣竿・ラケット・クラブ
- ドームの膜材
- 人工皮革・人工芝

化学繊維技術

環境
- 水処理分離膜
- 各種フィルター
- 繊維状活性炭

土木・建築
- 繊維補強セメント
- 家具・インテリア
- ジオテキスタイル

宇宙・航空・自動車
- 軽量・耐熱 FRP
- 内装材・タイヤコード
- シートベルト・エアバッグ

1・繊維ってどんなもの

❗「せんい」の意味と生命

　漢字はそれぞれ、一字で意味を持っています。「せんい」は「繊維」と書きますが、「繊」は「小さい・細い」を意味します。数の単位では、1の1千万分の1（10^{-7}）に相当するとのことです。非常に小さいことを意味し、「繊細」などのように用いられます。一方、「維」は「綱（つな）・繋ぎとめる」を意味します。「維持」などのように用いられます。

　したがって、「繊維」という漢字は「きわめて細い綱」を意味していることがわかります。本文中で述べたJISの定義「細くて長いもの」も、これに一致しています。

　そんな繊維ですが、意外なことに、私たち生命にも大きく関わっています。

　生物の遺伝をつかさどる「DNA」は、ノーベル賞学者であるワトソンとクリックにより、二重ラセン構造をしていることが見いだされました。4種類の塩基の配列に、遺伝情報が組み込まれているのですが、ヒトの遺伝子は約3万個もあるといわれており、極めて長い分子の鎖を形成しています。すなわち、「DNA」も「繊維」からなっているということができるのです。

　生命は「繊維」に支えられているのですね。

第2章

天然繊維

自然の植物や動物から得られる天然繊維は、
古代の昔から用いられてきました。
それぞれの天然繊維の簡単な歴史と、
特徴について紹介します。

2-1 麻

●麻は最も古い繊維

　古代エジプトのミイラが、麻（亜麻）で作られた白い布に包まれていたことが知られていますが、麻は非常に古くから織物として利用されてきました。日本でも、縄文時代から麻が使われてきたといわれています。麻の製品を「リネン」といいますが、白い布としてシーツや枕カバーなどに使われていることも、よく目にすることでしょう。

●麻の種類

　麻の繊維は植物の茎や葉から採取され、数多くの種類があります。繊維の取れる部位から、靭皮繊維と葉脈繊維に分けられます。靭皮というのは、茎の表皮の内側にある部分（図2-1-1）で、良質な繊維束を含んでいます。

　代表的な靭皮繊維として、亜麻（図2-1-2）、苧麻（図2-1-3）、大麻などがあります。西欧では主に亜麻が、日本では苧麻と大麻が利用されてきました。昔から、神職の衣裳として麻が使われてきました。ただし、大麻は麻薬の原料にもなるので、現在では一般の栽培は禁止されています。

　マニラ麻やサイザル麻は、葉脈の繊維からできていて、主に船舶用のロープなどに利用されています。なお、日本の家庭用品品質表示法では、単に「麻」と表示できるのは、亜麻と苧麻に限定されています。

●麻の特徴

① 亜麻は、太さが15〜25μm、長さが2〜3cmで、苧麻はこれよりやや太く、長く、太さが20〜80μm、長さが7〜28cm程度
② 亜麻は多角形に近い断面形状（図2-1-4）、苧麻は扁平な長円形（図2-1-5）をしており、いずれも中空部を有している
③ セルロースでできており、吸湿性、吸水性に優れている
④ 綿と同様に、吸湿すると強度が増す

⑤接触冷感、清涼感があり、夏物衣料に好まれる
⑥染まりにくい
⑦シワになりやすい
⑧摩擦されると、フィブリル化して白化しやすい

●その他の植物繊維

最近は麻以外にも、月桃、ケナフ、バナナなど、各種の植物からも繊維が得られています。ケナフは成長が早いので、温暖化対策にも寄与します。

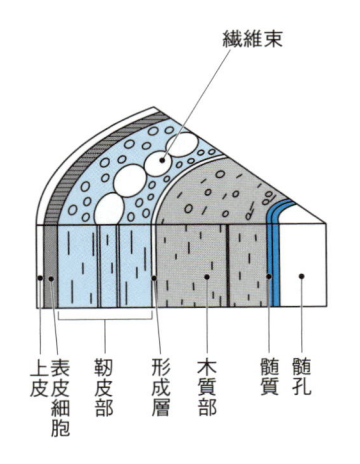

図 2-1-1　麻の茎の構造　　　図 2-1-2　亜麻　　図 2-1-3　苧麻

図 2-1-4　亜麻の断面形状　　　図 2-1-5　苧麻の断面形状

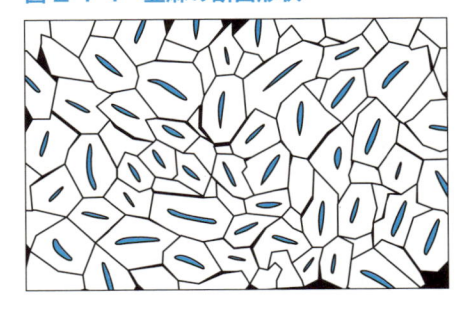

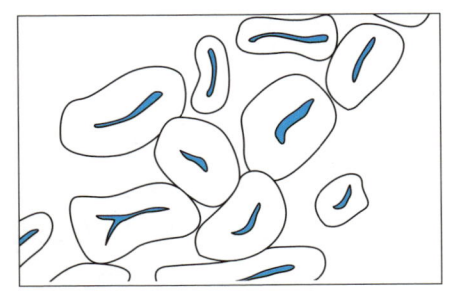

2-2 綿

●綿の歴史

　綿は、5000年ほど前から、古代インドや南米ペルーなどで栽培されており、これが西欧に伝えられました。日本では、15世紀中ごろから綿の栽培が始められたといわれています。

　綿はアオイ科の植物で、いろいろな種類がありますが、繊維として最も多量に使われているのは、アップランド綿と呼ばれるものです。アップランド綿は、中米原産の綿をアメリカで品種改良したものです。比較的大きな白っぽい花が咲いた後に結実し、やがてそれがはじけて、種のまわりの綿毛が露出した状態になります。これをコットンボールと呼びます（図2-2-1）。

　綿は、主としてその長さで区別されています（表2-2-1）。

　繊維長が長いほど細い紡績糸ができ、高級品が得られます。

●綿繊維の構造

　綿繊維（図2-2-2）は、通常その太さが20μm程度で、成長時に養分が通っていた管（ルーメン）が中央にあり、水分が蒸発してそれがつぶれた、扁平な断面形状で、捩れがあります。この捩れが、糸を紡ぐ紡績工程を容易にし、また糸に適度なかさ高性を与えます。

　なお、綿繊維をアルカリ液で処理すると、膨潤して元の中空状の丸い繊維となり、張力をかけると捩れもなくなり、光沢、寸法安定性などが改善されます。これをシルケット加工（マーセル化）と呼んでいます。

●綿の特徴

　①捩れや中空構造のため、かさ高、軽量で保温性に富む
　②吸湿性、吸水性に優れている
　③湿潤すると強度が増す（麻と同様）
　④鮮明に染色され、染色堅牢性にも優れている

⑤洗濯で縮みやすい
⑥シワになりやすい

　欠点を補うため、形態安定性のよいポリエステルと混ぜて（混紡して）用いられることも多くありますが、最近では、特に綿のシャツ地などには、薬品で処理をして、形態安定加工が施されたものがあります。

図 2-2-1　綿

コットンボール

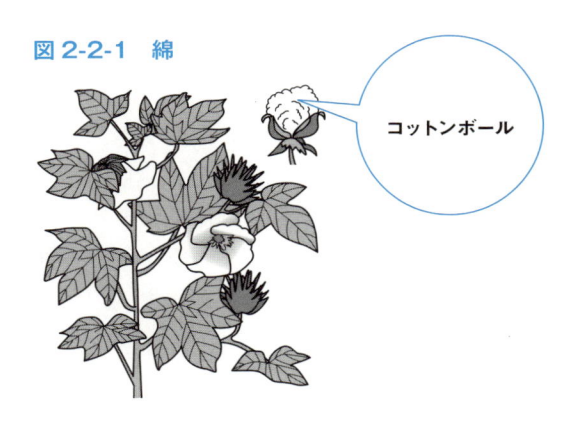

表 2-2-1　綿繊維の長さ

分類	繊維長（mm）	代表的品種
短繊維綿	20.6 未満	デシ綿
中繊維綿	20.6 ～ 25.4	パキスタン綿
中長繊維綿	26.2 ～ 27.8	アップランド綿
長繊維綿	28.6 ～ 33.3	スーダン綿
超長繊維綿	34.9 以上	海島綿、スーピマ綿など

図 2-2-2　綿繊維

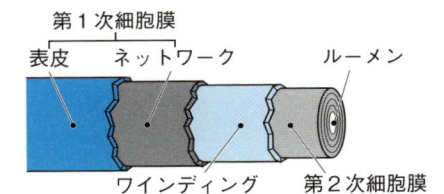

第1次細胞膜
表皮　ネットワーク　ルーメン
ワインディング　第2次細胞膜

2・天然繊維

2-3 絹

●中国から世界へ

　絹は蛾の一種である蚕(かいこ)の幼虫が、さなぎになるときに作った繭をほどいて繊維として利用しています（図2-3-1）。古く紀元前の中国で養蚕が始められ、製法は門外不出とされていましたが、絹の製品はいわゆるシルクロードを通じて西欧にも運ばれ、珍重されました。

　日本には、大和朝廷の頃に百済から伝えられ、帰化人を主体に絹織物の振興が図られました。通常は桑の葉で飼育（養蚕）された家蚕の繭が用いられますが、野生の繭から採取される、天蚕や柞蚕などの野蚕もあります。

　天然繊維の中では、唯一のフィラメント（長繊維）で、1つの繭から1500m近い長さの連続繊維が採取されます。これを引きそろえて、絹糸として、主として織物が作られます。

●繭糸(けんし)の構造

　蚕は絹糸腺（絹糸となるタンパク質（フィブロイン）を生成する器官）を2本持っているので、ほぼ三角形の断面をし2本のフィブロインからなる糸が、セリシンという糊のようなもので接着・覆われた構造をしています（図2-3-2）。通常織物にしてから、このセリシンを溶解除去し（精錬という。糸で行う場合もある）、2本の10μm程度の細い糸にします。

　蚕は糸を吐出する時に、8の字状に首を振りながら行うといわれており、絹糸にはわずかにウェーブがかかっています。また、繭の作り始めは太く、次第に細くなっています。

　また、フィブロイン繊維の内部構造をよく見ると、図2-3-3のように、極めて細いフィブリルの束からなっていることがわかります。このような構造が、光を散乱させ、美しい優雅な光沢を示すもとになっているといわれています。

● 絹の特徴
　①肌触りがよい
　②優雅な光沢があり、発色性もよい
　③ドレープが美しい
　④吸湿・吸水性がある
　⑤摩擦に弱くフィブリル化して外観を損なう
　⑥紫外線や日光に当たると変色し弱くなる
　⑦虫に食われる

　合成繊維のお手本は天然繊維であったのですが、中でも絹は古代から珍重された優雅で美しい繊維であるため、多くの合成繊維は、絹を目標とし、これをまねる技術開発が進められてきました。

図2-3-1　蚕および繭

蚕　　　写真提供：里山のクラフト便り　　　繭

図2-3-2　繭糸の外観

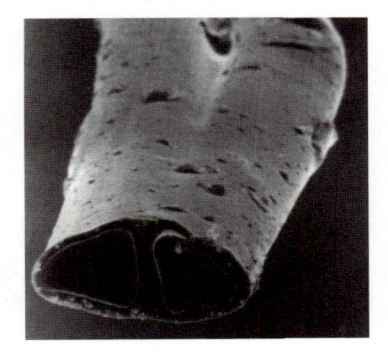

図2-3-3　フィブロインの内部構造

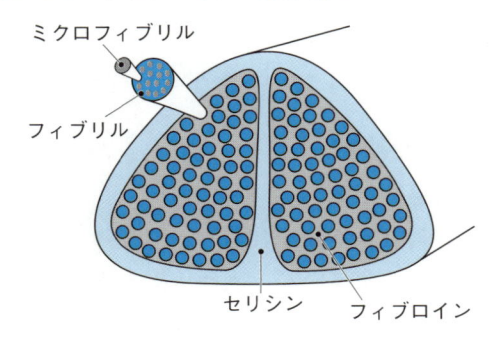

ミクロフィブリル
フィブリル
セリシン
フィブロイン

2-4 羊毛

●羊毛の歴史

　動物の毛は、硬くて真っ直ぐな刺毛と、柔らかく縮れた産毛からなっています。繊維として利用されるのは産毛ですが、羊は長い年月をかけて、産毛だけになるよう品種改良されてきました。牧羊は、紀元前8000年くらい前までさかのぼることができ、メソポタミアが発祥のようです。日本には幕末の頃に伝わってきた、比較的新しい天然繊維です。

●羊毛の構造

　羊の種類はいろいろありますが、最も一般的なのはメリノ種（図2-4-1）で、その長さは7.5～12cm、太さは13～28μm程度です。表面が人の毛髪と同じように、スケールと呼ばれる鱗のようなもので覆われています。内部は、オルソコルテックスとパラコルテックスと呼ばれる性質の異なる2成分が貼り合わさった構造をしており、そのため捩れた捲縮を発現します（図2-4-2）。

●吸湿性の最も高い天然繊維

　表面のスケールは撥水性ですが、内部のコルテックスは吸湿性で、羊毛は天然繊維の中で、最も吸湿性の高い素材です。各種素材の等温吸湿曲線を、図2-4-3に示しましたが、羊毛が最も高いことがわかります。公定水分率（標準状態：20℃、65% RHでの水分率に近い値）は、15%です。また、吸湿すると発熱するので、保温性の優れた素材でもあります。

●羊毛の特徴

　①保温性がよい
　②湿潤状態で揉まれると、フェルト化する
　③吸湿性が高いが、表面は撥水性である
　④織物は吸湿すると伸び縮みするので、寸法安定性に劣る（ハイグラルエ

キスパンション）
⑤アルカリに弱い（アルカリ性の洗剤は使用できない）
⑥虫に食われる

なお、羊毛の他にカシミヤ山羊（カシミヤ）（図2-4-4）、アンゴラ山羊（モヘヤ）、らくだ（キャメル）、うさぎ（アンゴラ）などの獣毛も繊維として利用されています。

図2-4-1　羊（メリノ種）

写真提供：AWI日本支社／日本毛繊維㈱

図2-4-2　羊毛の構造

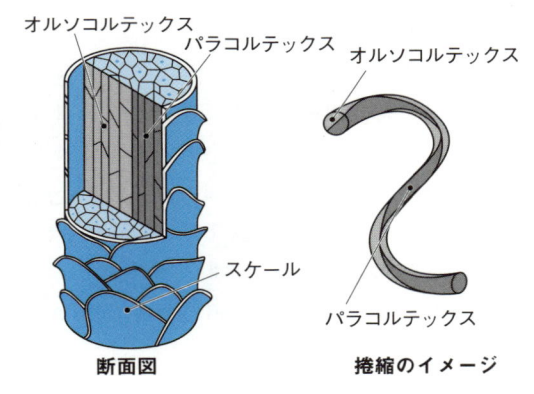

断面図　　　捲縮のイメージ

図2-4-3　等温吸湿曲線（25℃）

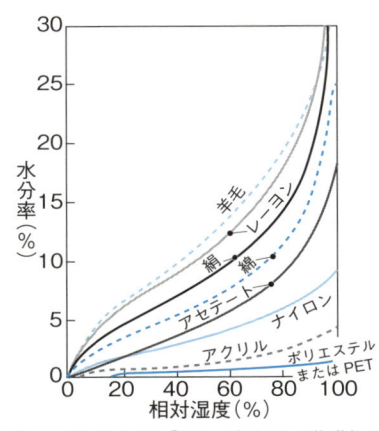

（日本衣料管理協会『新訂繊維製品の基礎知識』をもとに作成）

図2-4-4　カシミヤ山羊（内モンゴル）

写真提供：田澤壽

❗ 関東の「絹の道」

　幕末に横浜港が開港されましたが、海外への輸出の主力商品は、生糸でした。従来より、信州・甲州・武州などからの絹は八王子に集められていたので、それらが横浜へ大量に運ばれました。そうして横浜～八王子間に形成されたのが「絹の道」でした。

　明治の末、この街道に沿って横浜鉄道（現在のJR横浜線）が開通すると、輸送の手段は鉄道に代わったため、現在では、八王子市鑓水(やりみず)（JR横浜線片倉駅近く）に、その面影を残す道が約1kmほどの散策路として整備されています。鑓水には、「絹の道資料館」もありますので、武蔵野散策と、見学を兼ねて訪れてみてはいかがでしょうか。

　また当時、出荷地である横浜港には「生糸検査所」が設けられました。関東大震災後に再建した建物は鉄筋コンクリート造りの4階建てと立派なもので、現在は取り壊されて国の横浜第2合同庁舎の高層ビルになっていますが、その低層部には外壁が復元されて利用されています。

　山下公園近くには「シルク博物館」もありますから、公園や大桟橋、横浜中華街などと合わせて、絹の歴史に触れてみるのもよいと思います。

第3章

化学繊維

当初は天然繊維の模倣を目標としていた
化学繊維ですが、技術の進歩により、
品質の向上や機能の付加が可能となりました。
各種の製造方法と特徴を紹介します。

3-1 ポリマー（高分子）から繊維へ

●鎖状のポリマー

　天然繊維は、セルロース（綿、麻）や、たんぱく質（絹、羊毛）などの分子が、図 3-1-1 のように鎖状に長く連なった大きな分子、すなわちポリマー（高分子）からなっています。天然繊維はその生成過程で、これらの鎖状のポリマーが繊維軸方向に並んだ構造（配向）をしており、分子自体に引っ張る力が作用するので、強度を発現します。

　人工的に繊維を作る試みは、まず天然のポリマーを利用することから始まりました。ついで、鎖状のポリマーを化学的に合成することが可能となり、各種の化学繊維（人造繊維）が生まれました。

●繊維にする方法（紡糸）

　液体状にしたポリマーを、多数の細い孔の開いた板（口金）から押し出し、細く、長く連なった状態にし、これを固めて繊維とすることを紡糸といいます。液体状にする方法としては、溶媒に溶かすものと、加熱して融かすものがあります。300℃程度以下の、ポリマーが分解温度より低い温度で融けるものは、加熱によることが一般的です。

1）湿式紡糸

　溶媒に溶かしたポリマーを、凝固浴（ポリマーを溶かさない液体浴）中に押し出して固める紡糸法を湿式紡糸といいます（図 3-1-2）。

2）乾式紡糸

　溶媒に溶かしたポリマーを、溶媒を蒸発させて固める紡糸法を、乾式紡糸といいます（図 3-1-3）。揮発しやすい溶媒の使用が必要です。ポリマーの繊維は、加熱された筒の中で溶媒が蒸発することによって固められ、巻き取られます。

3）溶融紡糸

　溶融紡糸は、ポリマーをそのまま溶媒を使わずに加熱溶融し、繊維として

押し出し、冷却固化させるものです（図3-1-4）。前の2つの方法に比べ、最も高速で紡糸できる方法です。ポリエステルやナイロンなど、多くの繊維が溶融紡糸で作られています。

●延伸と配向と結晶化

　ポリマーが繊維軸方向に並んだ状態を配向といいますが、紡糸しただけの繊維では、この配向が十分ではありません。紡糸した繊維を数倍に延伸することによって、ポリマーを繊維軸方向に並べて配向させます。配向と同時に、隣り合う分子が規則的に並んだ部分ができ、これを結晶化といいます。そのモデルを図3-1-5に示しました。配向と結晶化により、繊維は強くなります。

図 3-1-1　ポリマーのイメージ

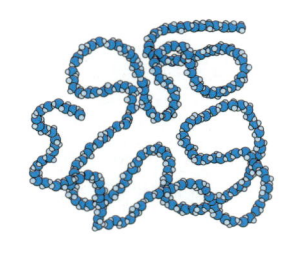

図 3-1-2　湿式紡糸

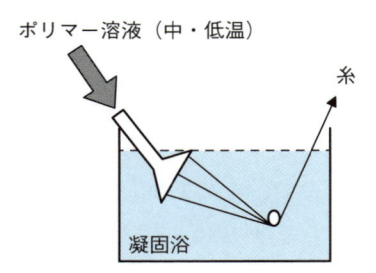

図 3-1-3　乾式紡糸

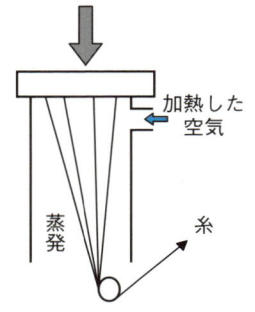

図 3-1-4　溶融紡糸

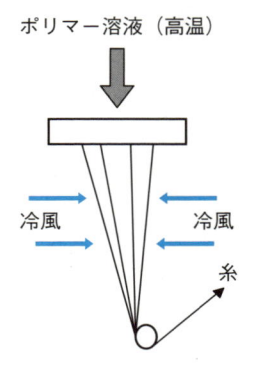

図 3-1-5　結晶化のモデル

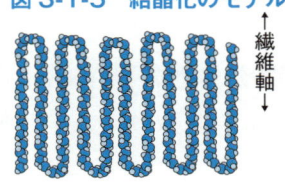

3-2 再生繊維・半合成繊維

●再生繊維レーヨン

　天然のポリマー（主としてセルロース）を薬品で溶かして、細く・長く繊維の形状としたものを再生繊維といいます。約130年前に綿と同じセルロースからフランスで初めて作られたレーヨンは、非常に燃えやすく危険でもあったので、10年ほどかけて改良が進められました。木材パルプを化学処理し、アルカリ水溶液に溶解して、ビスコースと呼ばれる粘調な液体として、繊維化されたのがビスコースレーヨンです。日本でも1920年代から大量に生産されましたが、現在では合成繊維におきかえられ、生産量は非常に少なくなりました。

　レーヨン繊維は、湿式紡糸で製造されています。湿式紡糸では通常、紡糸口金から吐出された繊維はそのまま凝固液に接触するので、表面が直ちに凝固し、硬い殻（スキン）ができます。その後、溶媒が除去され、乾燥すると収縮するので、その断面は円形でなく複雑な凹凸を示し、繊維軸方向に筋状の溝ができます（図3-2-1）。

　ソフトな風合いで肌触りがよく、光沢、吸湿性、染色性にも優れています。欠点は、天然のセルロース系繊維と異なり、湿潤すると大幅に強度が低下することです。

●その他の再生繊維

　レーヨンの仲間で、セルロースを溶かす溶媒が異なるものに、キュプラ（ベンベルグ®）やリヨセル（テンセル®）などがあります。

　キュプラは、綿を収穫した後の短い綿毛（コットンリンター）を原料としています。流下緊張法という特殊な湿式紡糸方法で製造され、円形断面の均質な繊維となります（図3-2-2）。高級裏地や婦人用インナーなどに用いられています。

　リヨセルは1990年代頃からの新しいレーヨンで、環境に影響の少ない溶

媒を用いて乾湿式紡糸（紡糸口金が、凝固浴より僅かに上方にあり、繊維は空気中を走行した後、凝固浴に導入される）によって製造されます。レーヨンより強度の高い（特に湿潤時）繊維が得られますが、フィブリル化しやすいという欠点があります。

●半合成繊維

　天然の原料を化学的に改質し、繊維としたものを半合成繊維と呼びます。セルロースに酢酸を結合させて得られるのがアセテート繊維です。酢酸の結合量により、ジアセテート、トリアセテートの2種類があります。吸湿性はセルロースより大幅に小さくなります。

　図3-2-3のように、レーヨンと同様に筋状の溝があり、光沢と深みのある発色性を示す繊維で、婦人アウター衣料や、スカーフ、高級裏地などに利用されています。ジアセテートのステープルは、タバコのフィルタにも用いられています。

図3-2-1　レーヨン

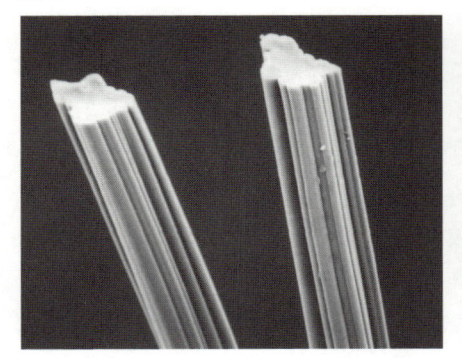

図3-2-2　キュプラ

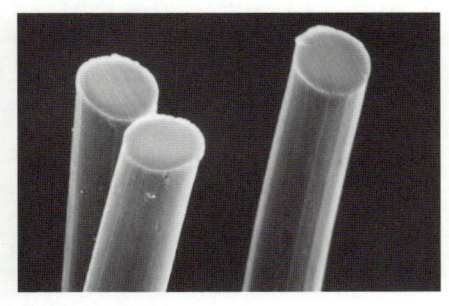

図3-2-3　アセテート

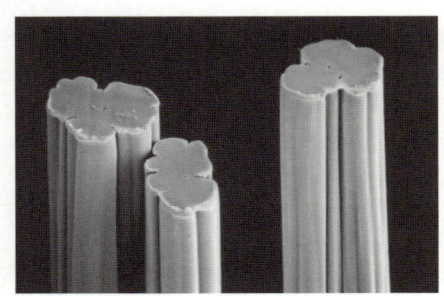

（3点とも）写真提供：日本化学繊維協会

3-3 合成繊維

●合成繊維の始まり

1920年～30年頃に、天然繊維がポリマーからなっていることがわかってきました（図3-1-1）。分子の構成単位（モノマー）が鎖の1つの輪で、これが数百、数千とつながっています。

ポリマーを合成できれば人工的に繊維を作れると考えて、アメリカデュポン社のカローザスは各種のポリマーを合成、ナイロンが繊維用ポリマーとして優れていることを見出し、1935年にアメリカで初めて合成繊維ナイロンが生まれました。

その後、ポリエステルやアクリル繊維が次々と繊維化され、日本では、京都大学の櫻田一郎博士がビニロン繊維を発明しました。

●ナイロン

ナイロン66は、カローザスの発明により、アメリカで工業化された世界初の合成繊維です。「石炭と水と空気から作られ、鉄のように強くクモの糸より細い繊維」とも宣伝されました。溶融紡糸（図3-3-1）で繊維化されています。後にナイロン6も生まれ、現在両者ともナイロンとして生産されています。ほぼ同じ性質を有していますが、ナイロン66の方が耐熱性に優れています。

その性質は比較的柔らかく、強度が高く、特に耐摩耗性に優れています。また、天然繊維にはおよびませんが、衣料用合成繊維の中では高い吸湿性を示します。婦人用インナーやストッキングなどに多く用いられているほか、耐摩耗性のよいことからカーペットにも好適です。

ただ、紫外線に当たると、徐々に黄変するという欠点があり、価格が次に述べるポリエステルに比べ高いことから、一般の衣料では、次第にポリエステルに置き換えられてきました。

図 3-3-1　溶融紡糸プロセス

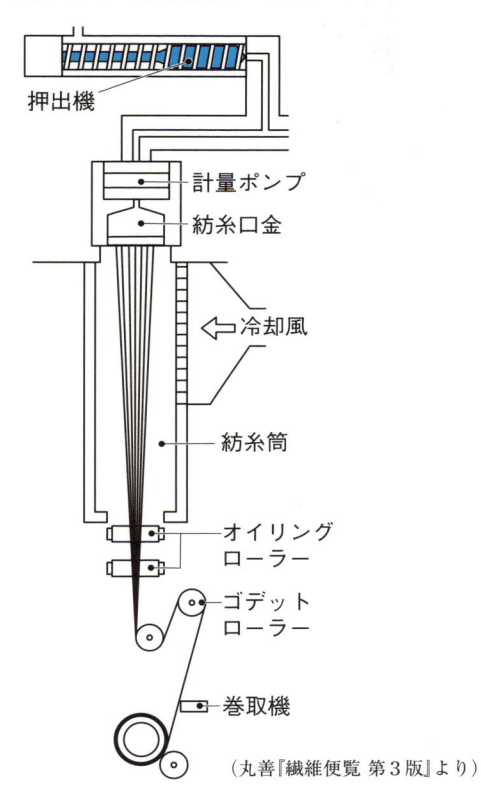

押出機
計量ポンプ
紡糸口金
冷却風
紡糸筒
オイリングローラー
ゴデットローラー
巻取機

（丸善『繊維便覧 第3版』より）

図 3-3-2　アルカリ減量加工

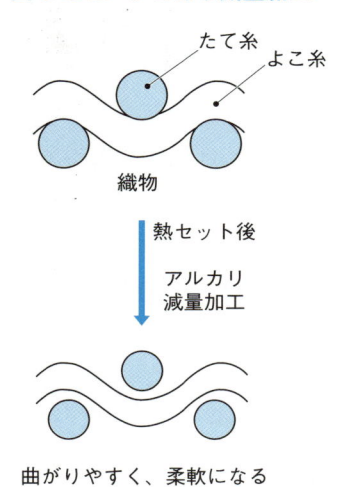

たて糸
よこ糸
織物

↓熱セット後
アルカリ減量加工

曲がりやすく、柔軟になる

●ポリエステル

　ナイロンより10年ほど遅れてイギリスで生まれた繊維です。ポリエチレンテレフタレート（PET：飲料用ボトルなどに使われているものと同じポリマー）と、その仲間があります。現在では、天然繊維である綿よりも生産量が多く、世界中で最も多量に生産されている繊維です。ナイロンと同様、溶融紡糸（図3-3-1）で繊維化されます。

　ポリエステルは、強度、耐熱性、寸法安定性など多くの特性に優れており、最も品質のバランスが取れ、かつ比較的コストが安いので、衣料用、産業資材用を問わず、多くの用途に使われています。フィラメントとして使われる場合も多いですが、ステープルとして、綿や羊毛と混紡しても使われます。綿混紡のシャツ地や、羊毛混紡のスーツ地などが代表的なものです。

ただし、染色性が余りよくないこと、ナイロンに比べて吸湿性が低く、やや剛いなどの欠点があります。この欠点は、織物にしてから、アルカリ溶液で糸を表面だけ溶かし細くして、織物を柔軟に仕上げる加工方法（アルカリ減量加工）が普及し、改善しています（図3-3-2）。これは絹において、セリシンを溶解する精錬加工をお手本にして開発されたといわれています。また、染色性についても、ポリマーを改質する技術が開発されています。

ポリエステルの仲間に、ポリトメチレンテレフタレート繊維（PTT繊維）があります。PETより分子鎖が柔らかく、伸びが大きい繊維です。伸長回復性のよいことが特徴（図3-3-3）で、ストレッチ素材用として、利用されています。

●アクリル

アクリル繊維は、1950年頃から工業化されました。ポリアクリロニトリル（PAN）というポリマーを繊維化したものですが、柔軟性や染色性に劣るので、それらを改質するため、少量の他の成分を添加しています。これを共重合といいますが、添加する共重合成分の量が15％を超えると、アクリル系繊維として区別されます。

アクリル繊維は、主に湿式紡糸で生産されています。使用される溶媒の種類は多く、溶媒や凝固条件により円形に近い断面の繊維も得られますが、通常、断面は非円形で、側面には筋状の凹凸があります（図3-3-4）。かさ高性のある、軽く、柔らかい繊維で、セーター、肌着、毛布、ぬいぐるみなどに使われています。

特徴的なことは、耐光性に優れていることです。図3-3-5に、各種繊維の耐光性を、日光暴露時間に対する強度の変化で示してありますが、アクリル繊維の変化が最も小さいことがわかります。このため、アクリル繊維は、カーテンや国旗、各種のイベント用の旗などに用いられています。

●その他の合成繊維

日本で発明されたビニロンは、ポリビニルアルコール（PVA）からなる繊維です。1950年代から、綿と混紡して学生服などに大量に使われましたが、現在では衣料用途にはほとんど使用されていません。アスベスト代替繊維と

して、セメント補強用などに利用されています。

　ポリウレタン（米国では、スパンデックスと呼ばれる）は、ゴムを代替する合成繊維で、伸縮性が大きく、その伸び率は450％〜800％にもなります。単独で用いられることは少なく、他の繊維を巻きつけたり覆ったりした複合糸として、インナーやストッキング、水着、ストレッチ素材などに用いられています。

図 3-3-3　伸長回復性

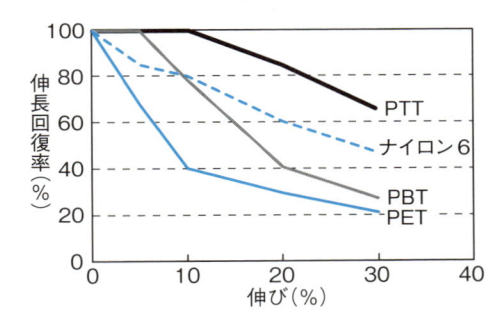

図 3-3-4　アクリル繊維

写真提供：日本化学繊維協会

図 3-3-5　各種繊維の耐光性

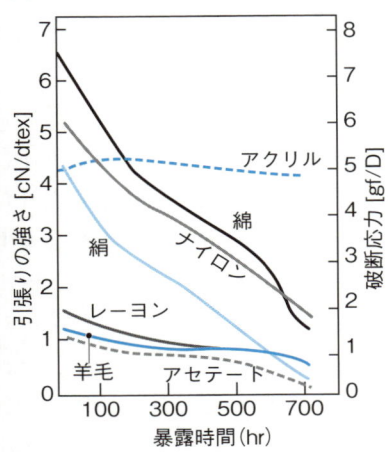

（日本衣料管理協会
『繊維製品の基礎知識（新訂）』をもとに作成）

3-4 合成繊維の要素技術① 異形断面繊維

●絹に学ぶ

　合成繊維は、天然繊維をお手本にして技術開発を進めてきました。特に、絹は優雅な光沢とドレープ性に優れ、人工的に繊維を作る際に、最も憧れの目標とされました。そこで、合繊繊維がまず挑戦したのは、絹の形態的な特徴である、三角断面の繊維を作ることでした。

●三角断面繊維

　通常の紡糸口金の吐出孔は円形断面で、得られる繊維も円形断面をしています。しかし、三角断面の繊維を作る際、吐出孔の断面を三角形にすればよいかというと、そうではありません。

　高温の溶融状態で吐出されたポリマーは液体で、徐々に冷却され固まるのですが、その間に表面張力により丸くなってしまいます。図3-4-1は、そのような変化を考慮して作られた口金で、3本のスリットを組み合わせて「Yの字」状に3つの足を持った繊維が得られます（図3-4-2）。「Yの字」の代わりに「Tの字」にしたもので三角断面を得る場合もあります。このようにして、艶消し剤を含まない透明性の高いポリマーから、絹のような光沢のある繊維が得られるようになりました。

　三角断面の技術が確立した後は、その足の数や形状を変えた、各種の異形断面繊維を作ることが可能となりました（図3-4-3）。

●中空繊維

　綿の繊維は、つぶれてはいるが中空状で生育したものであるということは、第2章で述べました。繊維が中空であると、その分軽くなり、また、内部に空気が封入されたことになるので、魔法瓶と同じ効果で、保温性が高まります。綿の構造をお手本にして、中空繊維（図3-4-4）が生まれました。

　中空繊維は、一般的には、スリットを近接して設けた口金吐出孔を用い、

口金を出たところで、繊維を融着させ、中空状にする方法で得られます。

図 3-4-1　三角断面繊維用口金

図 3-4-2　三角断面繊維の例

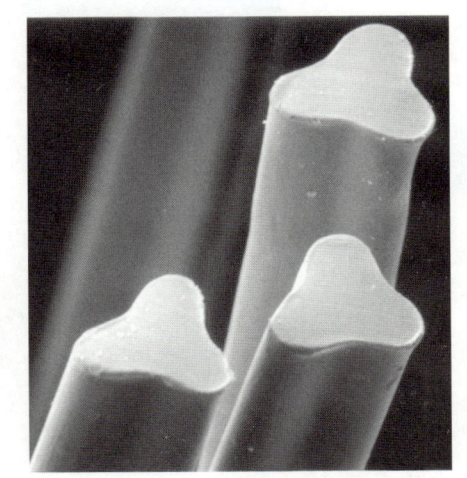

写真提供：日本化学繊維協会

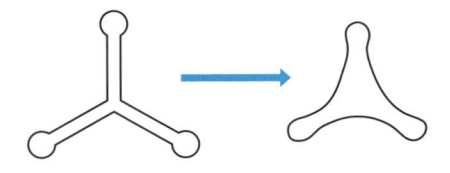

図 3-4-3　各種の異形断面繊維

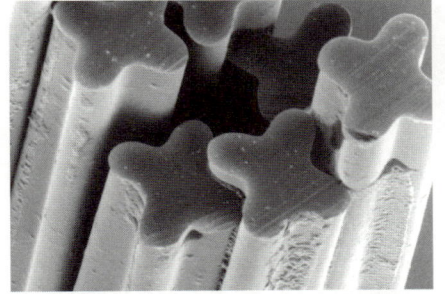

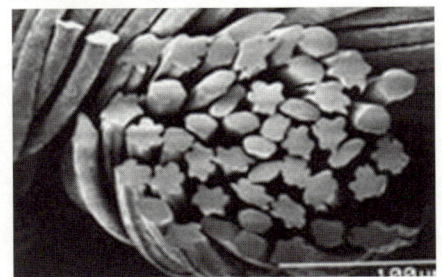

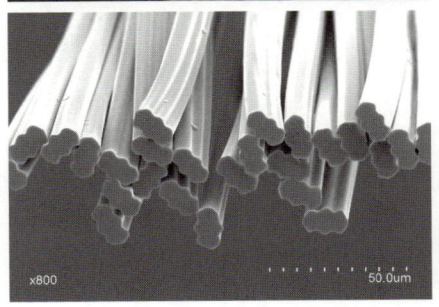

図 3-4-4　中空繊維

（3点とも）写真提供：東レ㈱

写真提供：帝人ファイバー㈱

3-5 合成繊維の要素技術② 複合繊維

●羊毛に学ぶ

羊毛の断面は、異なった成分が貼り合わさった構造をしており（第2章）、そのために捲縮（けんしゅく）が発現するものと考えられています。合成繊維に羊毛のような捲縮を与えるために、このような貼り合わせ構造の繊維を作ることが試みられました。

なお、1本の繊維の中に、異なった成分のポリマーが配置された構造の繊維を総称して、「複合繊維」といいます。

●複合繊維の作り方

複合繊維を紡糸することを、複合紡糸といいます。A、B2種類のポリマーを、混合することなく紡糸口金吐出孔の直前で合流させ、両者が貼り合わさった構造の繊維にします（図3-5-1）。

この方法は、レーヨン、アクリルなどの湿式紡糸でまず開発され、次いで溶融紡糸に広がっていきました。A、Bポリマーの間で、熱収縮率に差があると、繊維を熱処理した時に、収縮率の高い方を内側にして捩（よじ）れ、羊毛のような捲縮が発現します。

●複合紡糸の応用

複合紡糸は、繊維断面における各ポリマーの配置や、組み合わせるポリマーの種類によりいろいろな形で応用されています（図3-5-2）。サイド・バイ・サイドは捲縮付与を目的としたもので、外形を異形断面とすることも可能です。

同心円型のものは芯・鞘構造ともいい、単独では繊維にすることが困難なポリマーを芯にして、鞘で覆って繊維化するときなどに利用されます。あるいは、熱接着性のあるポリマーを鞘にして、繊維を後で融着させることも可能となります。

多層・多芯型は、紡糸した後で、バラバラに分割したり、一方の成分を溶解除去して極細の繊維にしたり、レンコンのように多数の孔を持った繊維にすることもできます。

　最後の分割・溶出型は、極細化の手段としても利用されますが、通常の溶融紡糸では表面張力のために実現しないような、微細・鋭角な形状の繊維とすることもできます。

図 3-5-1　複合紡糸の口金

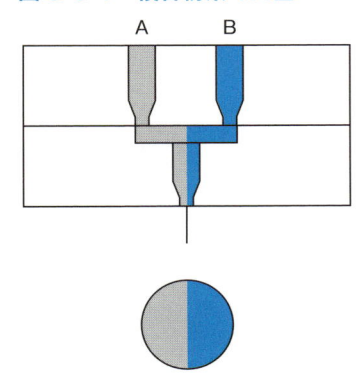

図 3-5-2　複合繊維の分類

分類	形態	目的
サイド・バイ・サイド		捲縮付与
同心円型		機能性付与
多層・多芯型		分割・極細化
分割・溶出型		極細化形態制御

3-6 合成繊維の要素技術③ 混織技術

●混紡と混織糸

　ステープルの紡績では、原料段階で異なった原料を混ぜることがよく行われます。これを混紡といいます。これに対し、異なるフィラメントを混ぜた糸を混織糸といいます。

●フィラメント混織糸

　混織糸がまず最初に目指したのは、絹のようなふくらみです。絹は長さ方向に、太さ、断面形状、収縮率などの微妙な揺らぎがあり、均一ではありません。このように、性質が僅かに異なる繊維の集合体であることが、絹織物に柔らかなふくらみを与えていると考えられています。そのため混織糸では、収縮率に差のあるフィラメントを混ぜることで、絹のようなふくらみを実現しています（図3-6-1）。直線で表わしたのが低収縮糸、破線が高収縮糸です。熱処理を施すと、高収縮糸が縮み、長さの余った低収縮糸が繊維束からはみ出して、かさ高性を与えます。図3-6-2は、このようにして作られた、同じ朱子組織の織物を示したものですが、最近では、絹よりもさらにふくらみの大きいものが得られています。

　なお、低収縮糸の代わりに、加熱すると伸びるという自発伸長性のある糸が用いられることもあります。織物の加工段階での収縮が抑えられ、風合いがかたくなるのを抑える効果があります。

●混織糸の広がり

　混織糸の組み合わせは収縮率差以外にも、断面形状や、繊維の太さの異なるものの組み合わせ、異なる繊維同士の組み合わせや、染色性の異なる繊維の組み合わせにより、色彩の変化を求めるものなどさまざまです。

　図3-6-3は、断面や形、太さ、収縮率などがそれぞれ異なる混織糸で、野蚕調の繊維です。絹には、古くから品種改良され、屋内で飼育されている家

蚕と、山野で飼育されている野蚕があります。野蚕糸は、通常の絹糸に比べて少し太めでムラも大きいので、このような極端な混繊糸とすることで、野蚕調の織物が得られるということです。

このように混繊糸は、絹織物を目指す合成繊維の技術として開発されてきましたが、次に述べる加工糸の分野でも、広く用いられる要素技術となっています。

図 3-6-1 収縮差混繊糸のモデル

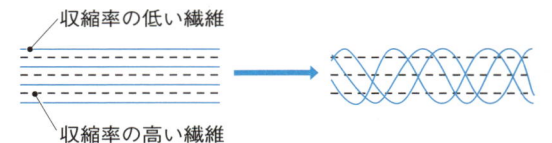

収縮率の低い繊維
収縮率の高い繊維

高収縮糸が縮み、
長さの余った低収縮糸が
繊維束からはみ出す

図 3-6-2 絹織物との比較（左：ポリエステル　右：絹）

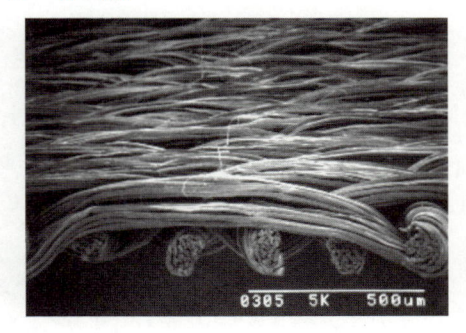

図 3-6-3 野蚕調の繊維

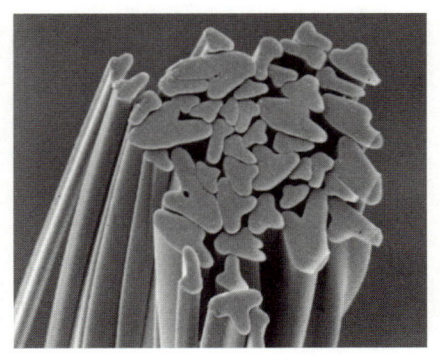

写真提供：ユニチカ㈱

3-7 合成繊維の要素技術④ 加工糸

●羊毛のかさ高性を求めて

　第2章で述べたように、羊毛はかさ高性に優れた繊維です。合成繊維のまっすぐなフィラメントは、裏地や傘地などには向いていますが、かさ高性のある編織物にはできません。そこで、羊毛の捲縮（けんしゅく）を目指して、擬毛加工（ウーリー加工）技術が開発されました。

●各種捲縮加工の方法

　ウーリー加工から始まった捲縮加工には、方法や捲縮形態の異なる加工法がいくつかあります。

1) イタリー式加工（図3-7-1）

　撚糸機で糸に撚りをかけ、熱セットした後にこれを解撚するというものです。撚りの形が記憶され、捲縮が発現します。1950年頃からナイロン、次いでポリエステルに広く適用されました。

2) 仮撚加工（図3-7-2）

　上記イタリー加工は、捲縮特性としては非常に優れたものでしたが、生産性に劣るという欠点がありました。その改善技術として、仮撚加工が開発されました。スピンドルで、糸に撚りをかけ、加熱セットで撚りの形が記憶させて捲縮糸にします。ただし、太い糸には十分な撚りをかけることができないという欠点があるため、カーペット用などの太い糸には、別の手段が用いられています。

3) 押し込み加工

　狭い隙間に糸を押し込んで、折り曲げ、挫屈させるもので、もっぱらステープルの捲縮付与として用いられています。

4) 流体押し込み加工

　加熱空気、又は、スチームで糸を押し込み加工する方法で、上記したカーペット用などの太い糸の加工に適しています。

5) ニット・デニット

いったん糸を編地にして編癖を記憶させ、捲縮糸とする加工方法です。

6) 空気噴射法

空気の乱流によって捲縮を発現させる加工方法です。かさ高性も伸縮性もありませんが、ループが形成されることにより、紡績糸のような加工糸となります。

図 3-7-1　イタリー式加工の概略図

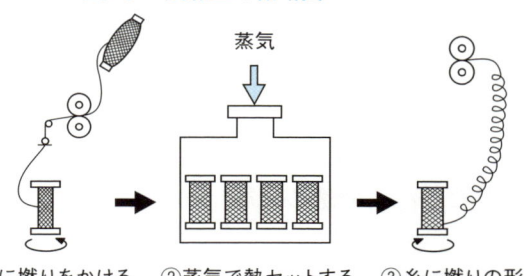

① 糸に撚りをかける　② 蒸気で熱セットする　③ 糸に撚りの形が記憶される

図 3-7-2　仮撚加工

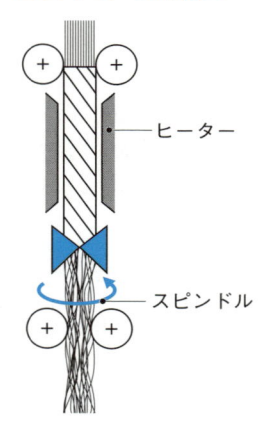

ヒーター
スピンドル

図 3-7-3　各種の捲縮付与方法

加工方法	捲縮発現の原理	捲縮形態	主な適用例
仮撚加工	撚の固定と解撚		FYのかさ高加工
押し込み加工 (スタッフィングボックス)	機械的な挫屈		SFへの捲縮付与
流体押し込み加工	三次元の挫屈		カーペット用原糸
ニット・デニット	編地のセットと解編		先染対応可能
空気噴射法	乱流によるふくらみ (ループの形成)		スパンライクFY
収縮差混繊	糸長差によるふくらみ		シルキーFY

3-8 合成繊維の要素技術⑤ 極細繊維

●天然繊維にはない細さ

　天然繊維で最も細いのは絹で、その太さ（直径）は10数μm程度です。これよりはるかに細い合成繊維に挑戦したのが極細繊維です。太さが数μmからナノメートル（1μmの1000分の1の単位）で表わされるような細いものも得られています。

　極細繊維の技術開発は、1960年代の半ば頃にその起源があります。図3-8-1に示すような口金を用い、複合紡糸を応用して、1つの成分（海）の中に別の成分を多数形成（島）した、海島構造の繊維（図3-8-2）を作り、編織物などに加工した後に、海成分を溶解除去して、島成分だけからなる極細繊維を得るというものです。島の数を多くすれば、極端に細い繊維を得ることもでき、現在では、数百ナノメートルの繊維も作られています。

　その他の方法（図3-8-3）としては、以下の3つの方法があります。

1) 直接細い繊維を紡糸する方法
　この方法では、細さに限界があります。

2) 2つの成分を混合して、島成分を細く引き伸ばす方法
　ステープルしか得られませんが、この方法でも、ナノメートル台の極細繊維が得られています。

3) バラバラに剥離して細い繊維とする方法
　この方法も複合繊維を応用していますが、1成分を溶解するのではなく、バラバラに剥離させて細い繊維を得ています。

●極細繊維の用途

　極細繊維が最初に使用されたのは、スエード調の人工皮革でした。極細繊維で作られた、フェルト状の不織布に、柔らかいウレタン樹脂を含浸し、表面を起毛したもので、天然皮革と対比してその構造を示しました（図3-8-4）が、非常に良く似ていることがわかると思います。

この他にも、メガネ拭きや工業用ワイピングクロス、新鮮な桃の皮に似た柔らかいタッチの起毛織物、高密度に織った撥水性の織物、高性能のフィルタなど、衣料用以外も含め、広い用途で利用されています。

図 3-8-1　極細繊維（海島構造）の口金の例

―島成分
―海成分
―口金

海島構造の繊維

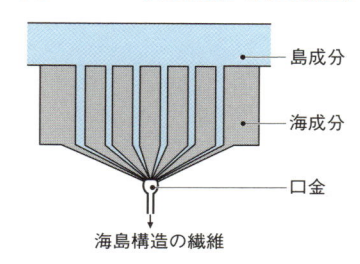

図 3-8-2　海島構造の繊維

図 3-8-3　極細繊維を得る方法

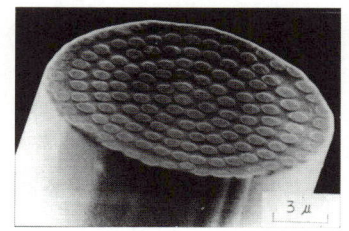

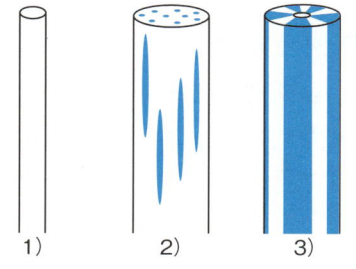

1)　2)　3)

図 3-8-4　極細繊維による人工皮革

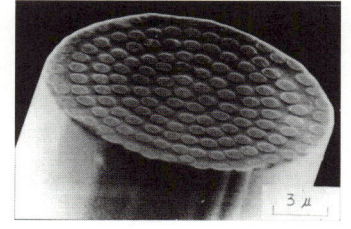

表層

内層

人工皮革　　　天然皮革

3．化学繊維

3-9 合成繊維の要素技術⑥ 染色性・発色性向上技術

●染色性はポリマーの性質による

　衣料用の繊維において、染色性は重要な特性です。そのために、アクリル繊維では、共重合という手段がとられていることを述べました（3-3節）。ナイロンは染料と反応する分子構造をしていますが、ポリエステルには染料と反応する構造（官能基）が全くありません。そのため、ポリエステルを染色する際には、分散染料という種類の染料を、構造が乱れている非結晶部に拡散させて染色します（結晶部には染料が入り込めないため）（図3-9-1）。以下、ポリエステルを中心に、染色性改善技術について説明します。

●高染色化の方法

　染料は非結晶部に拡散して取り込まれるため、染色性を向上させるためには非結晶部を乱し、染料を取り込みやすくする必要があります。そのためポリエステルの染色では、キャリアーと呼ばれる、染料の拡散を促進する薬剤が用いられることがあります。ただ、キャリアーは臭気が強く、また残存すると染色堅牢度を低下させるという欠点もあるため、染色後に十分に取り除く必要があり、一部の混紡製品を除いて、あまり使用されなくなっています。

　非結晶部を乱して動きやすくするためには温度を上げることが有効ですが、ポリエステルの場合、常圧での水の沸点である100℃以上にまで、温度を上げる必要があります。ポリエステルは通常、そのために開発された高圧の染色機で、130℃程度の高温・高圧下で染色されています。

　また、化学構造の似た異なる成分を共重合し、非結晶部そのものを増加させ、染料の吸尽率を高める方法や、発色性のよいカチオン系染料と結合する官能基を持った成分を共重合する方法も開発されています。酸性染料と結合させる共重合については、検討はされましたが、成功していません。

●発色性を向上させる方法

　繊維の屈折率が低いほど、表面反射光が少なくなり、発色性が高くなることが知られています。そのため、屈折率の低い樹脂で、表面を被覆して、発色性を高める加工も行われています。

　また、表面に微細な凹凸があると、表面反射が抑えられ（図3-9-2）、発色性が向上します。図3-9-3は、微粒子を添加して、これを溶解して取り除くことにより、表面に微細な凹凸を形成した繊維の例です。

図3-9-1　分散染料による染色

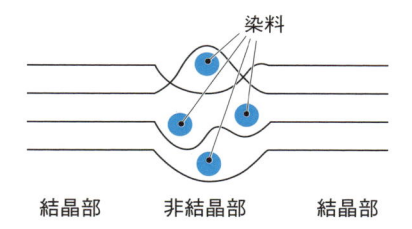

染料
結晶部　非結晶部　結晶部

図3-9-2　表面凹凸と発色性

表面に凹凸がない場合

入射光　表面反射光（白色）

表面反射光が多く、発色性が低い

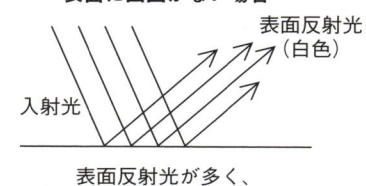

表面に凹凸がある場合

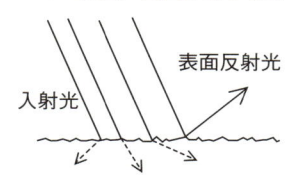

入射光　表面反射光

表面反射光が少なく、発色性が高い

図3-9-3　表面凹凸繊維

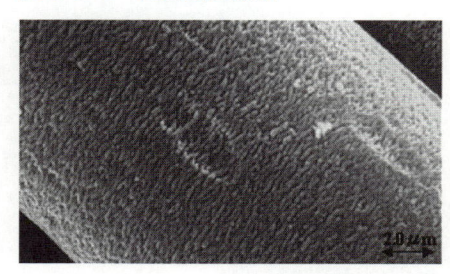

写真提供：東レ㈱

3-10 合成繊維のプロセス革新

●プロセス革新によるコストダウン

　合成繊維のプロセス革新は、コストダウンを目指し、大きく進展してきました。その主な手段は、工程の短縮ないしは省略、工程の連続化、生産速度の高速化などです。プロセスを単純化することにより管理がしやすくなり、品質の向上・安定と同時に、作業員や使用エネルギーの削減などによる大幅なコストダウンを実現してきました。

　以下に、最も生産量が多いポリエステルを主体に、技術革新の事例を紹介します。

●連続重合紡糸

　図 3-10-1 の上段は非連続（バッチ式）の方法で、重合してできたポリマーを、いったん冷やして数ミリ角くらいの小さなチップにし、これを乾燥して紡糸に供給します。紡糸機では再び加熱してポリマーを溶融する必要があります。一方、連続重合紡糸は、重合と紡糸を連続して行う方法です。溶融状態を保ったまま、紡糸機に供給され、紡糸することができます。

　連続式は、同一品種を大量に生産するには向いていますが、共重合なども含めて、多品種を生産する際には、バッチ式が使われています。

●紡糸直結延伸

　図 3-10-2 の左側は、紡糸と延伸が別々の 2 工程法です。この紡糸法では、延伸をする前の未延伸糸が巻き取られ、これを延伸機に運んで、改めて延伸が行われます。紡糸機の巻取り速度は 2000m／分未満、延伸機の速度は 1000m／分程度です。

　これに対し右側は、紡糸機で未延伸糸を巻き取ることなく、そのまま連続して延伸を行うものです。延伸糸は通常、未延伸糸の 3 倍程度の長さとなりますので、最初の引き取りローラーに対して、延伸ローラーは約 3 倍の速度

で回る必要があります。高速の巻取り機（5000m／分程度の）が開発されて、実現されました。工程を直結し、手間を省くと同時に、生産速度が上がりコストダウンが達成されます。紡糸（Spin）と延伸（Draw）が直結しているので、SD法（Spin Draw法）とも呼ばれます。

図 3-10-1　連続重合紡糸

重合 → チップ化 → 乾燥 → 紡糸

重合 → 紡糸
（連続して行う）

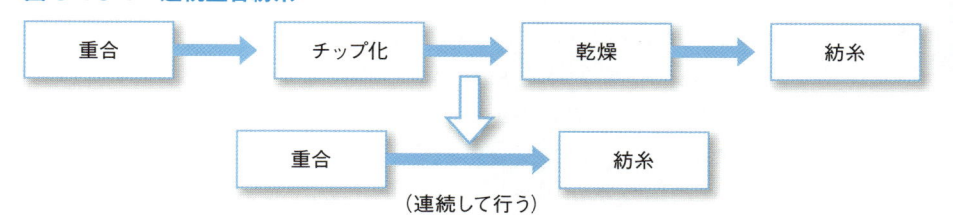

図 3-10-2　紡糸直結延伸プロセス

口金
↓
繊維
未延伸糸
巻取り（未延伸糸）
延伸糸

紡糸と延伸の工程が別れている

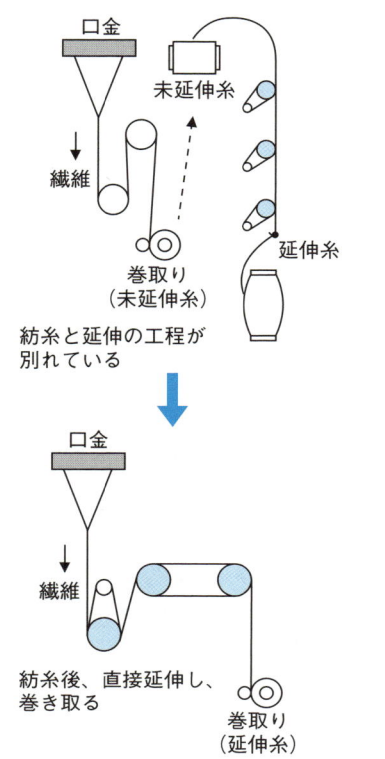

口金
↓
繊維
巻取り（延伸糸）

紡糸後、直接延伸し、巻き取る

図 3-10-3　延伸仮撚プロセス

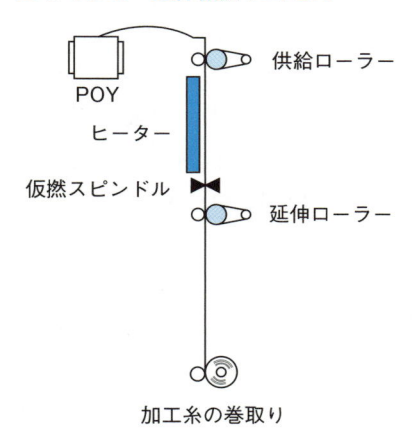

POY
ヒーター
仮撚スピンドル
供給ローラー
延伸ローラー
加工糸の巻取り

3・化学繊維

●部分配向糸（POY）

　紡糸機の巻取り速度の高速化が可能となっため、未延伸糸を高速で巻き取ることも検討されるようになりました。未延伸糸の巻取り速度を上げると、結晶化は生じませんが、配向度（分子が繊維軸方向に並んでいる状態）の高い未延伸糸が得られます。完全には配向していないので、これを、部分配向糸POY（Partially Oriented Yarn）と呼びます。

　この糸を普通の糸として使うためには、さらに延伸を必要します。POYは未延伸糸でありながら、従来の未延伸糸と比べて配向度が進んでいるため、延伸糸とも未延伸糸とも違う性質を持っています。

　POYは未延伸糸に比べて耐熱性が向上しているので、高温のヒータを用いた仮撚加工のプロセスにおいて、延伸しながら仮撚加工ができます（図3-10-3）。従来の未延伸糸が、高温のヒータに接触すると糸が溶けて切れてしまうのに対し、POYは速やかに結晶化が進行し、延伸と仮撚加工が同時に行えます。

　仮撚スピンドルも、高速加工に適するように改善され、工程の連続化と合わせて、高速化も達成されました。延伸仮撚加工をDTY（Draw Textured Yarn）プロセスといいます。

●超高速紡糸

　POYの領域から、さらに紡糸速度を上げていくと、紡糸されている糸にかかる張力がどんどん上昇していきます。紡糸速度が5000m／分を越えるあたりから、張力によって糸が自動的に延伸されることがわかってきました。このことを利用すれば改めて延伸する必要がなく、ワンステップで延伸糸が得られるのです（OSP：One Step Processとも呼ばれる）。まさに究極の工程省略と高速化ということができます。

　研究室レベルでは、15000m／分程度まで開発が進められましたが、紡糸速度が7000m／分を超えるようになると、繊維の強度など、特性が低下することもわかってきました。現在、ポリエステルの超高速紡糸は、6000〜7000m／分で生産されています。この速度は400km／時に相当し、新幹線より速い速度です。先の実験室レベルの速度は、マッハで表わされるような

速度で、ジェット機の速度の領域です。

図 3-10-4 にプロセス革新の流れを、図 3-10-5 に高速紡糸の開発の歴史を示しました。

図 3-10-4　プロセス革新の流れ

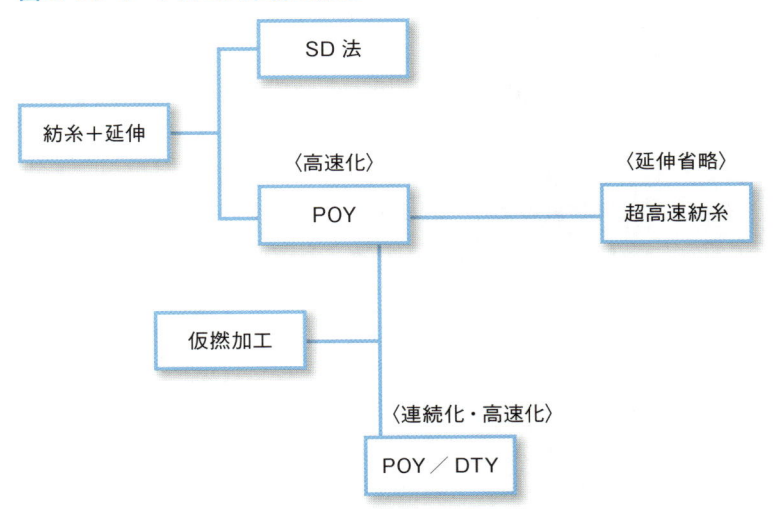

```
                  ┌── SD 法
紡糸＋延伸 ──────┤
                  │   〈高速化〉          〈延伸省略〉
                  └── POY ─────────── 超高速紡糸
                       │
         仮撚加工 ─────┤
                       │ 〈連続化・高速化〉
                       └── POY／DTY
```

図 3-10-5　高速紡糸開発の歴史

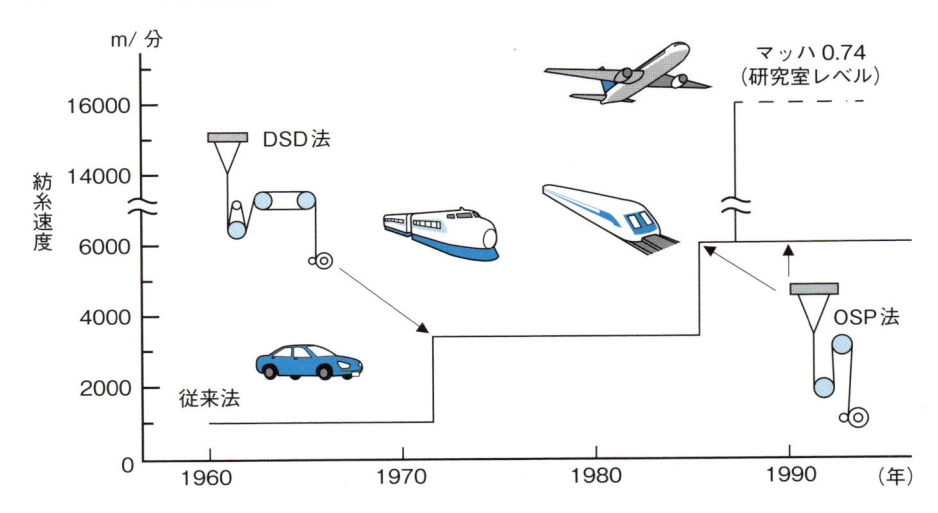

❗「新合繊」について

　1988年頃から、マスメディアやユーザー・流通関連の業界などの川下から、自然発生的に「新合繊」という言葉が生まれました。主にポリエステル織物を指したものですが、ナイロンやアセテートなども含まれており、定義は明確ではありません。合成繊維でありながら、従来にない優れた外観、感触、感性を備えた衣料用素材につけられた、称号のようなものです。

　1980年代後半に、新しい感覚の新製品が各社から相次いで製品化されました。これらは、本文中に説明した各種の要素技術を高度に組み合わせて開発されたものです。それまで、合成繊維は天然繊維の模倣であり、所詮は「まがい物」であるとして、天然繊維より一段格下に位置づけられていたのですが、「合成繊維でもここまでのことができるのか」と、その価値が見直された結果であると考えられます。当時は、シルクライク路線のニューシルキー、麻やレーヨンのようなドライタッチ、桃の皮の産毛のようなタッチの薄起毛調、フィラメントでありながらウールライクのニュー梳毛調などが続々登場しました。

　価値観の変化を端的に表わすこととして、ニューシルキーの織物の一部が、最も伝統的な歌舞伎や能の衣裳として、絹に代わり採用されたことを挙げることができます。

第4章

織物

たて糸とよこ糸を交錯させたものが織物ですが、
交錯方法や糸の種類などによって、その特徴はさまざまです。
それぞれの織り方からできる模様や、特色を理解しましょう。

4-1 織物とは

●織物の定義

　衣服の材料として使われる布地には、糸から作られるものと、繊維から直接作られるものとがあります。糸から作られるものには、織物、編物、組み物、レース、網などがあります。繊維から直接作られるものには、不織布、フェルトなどがあります。

　織物は、たて糸（経糸）とよこ糸（緯糸）を、原則として互いに直角かつ上下に交錯させて平面のシートにしたもので、その交錯の仕方、糸の種類や性能、仕上げ加工方法などによってさまざまな織物が作られています。

　織物はたて糸とよこ糸が直線的に交錯して作られているので、特殊な素材を使うか特殊な加工を行う以外にはほとんど伸び縮みしません。これは編物と大きく異なるところです。

●織物の起源

　織物がいつ頃から作られるようになったかは定かではありませんが、最も古いのは麻織物の歴史です。スイスの新石器時代の遺跡から出土しており、紀元前1万年のものといわれています。また、エジプトの紀元前4200年頃のファイユ遺跡からは、亜麻を素材とした平織の織物が、4500年以上前に栄えたインダス河畔のモヘンジョダロの遺跡からは、綿布が出土している上、紀元前2000年頃のバビロン王朝時代には、すでに高品質の毛織物が存在していたといわれています。

　初期の織機には2つの種類があります。1つは居座機（いざりばた）（図4-1-1）といわれ、たて糸を地面と水平に張って織る方法でした。何本ものたて糸を立ち木か地面に立てた杭に固定し、他方の端を織る人の体に取りつけて、からだの重みでたて糸を張りました。もう1つは竪機（たてばた）という方法で、枠を立てて、たて糸の一方を枠の上部に固定する方法でした。

　織機が飛躍的に発展したのは、1733年イギリスのジョン・ケイがシャッ

トル（杼）を左右に動かすことができるフライ・シャットル織機（図 4-1-2）を発明してからのことです。その後、1785 年にカートライトが蒸気機関を利用した力織機（動力で動く織機）を発明し、これをきっかけにして織機の動力化が進められました。

日本に力織機が輸入されたのは、1858 年薩摩藩の島津斉彬公が英国の力織機を 2 台購入したのが始まりといわれています。

図 4-1-1　居座機

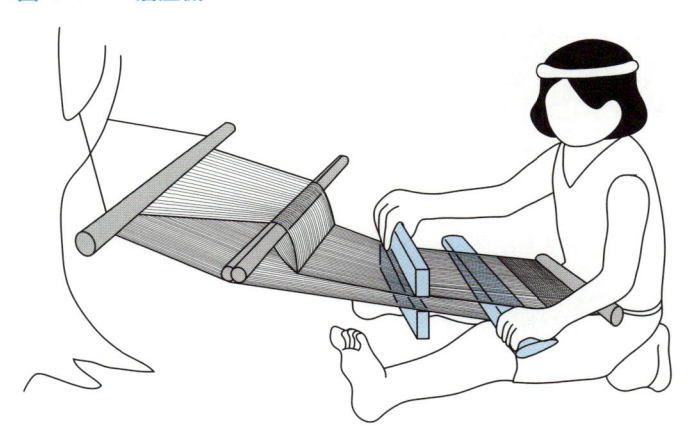

図 4-1-2　フライ・シャットル織機

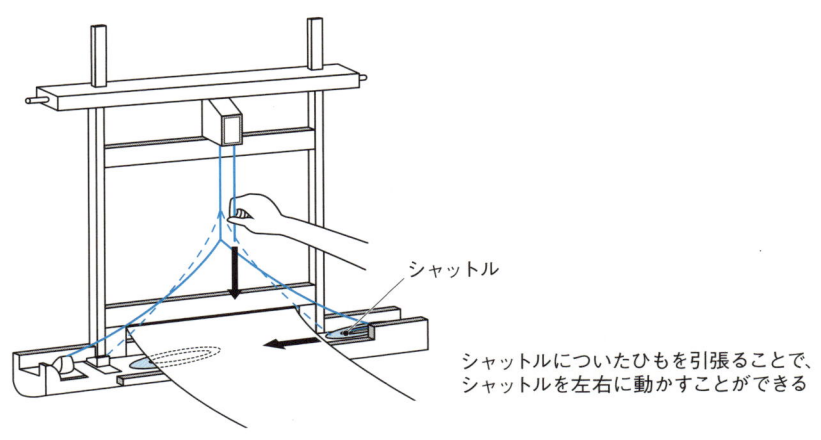

シャットル

シャットルについたひもを引張ることで、シャットルを左右に動かすことができる

4-2 織物の種類

●織物の種類の分け方

　織物の名前は、新しい技法や発祥の地にちなんで名づけることもありますが、慣習にしたがって呼ぶこともあります。織物には種類が多く、さまざまな名前で呼ばれていますが、次のような分け方があります。詳細な種類は表4-2-1 に示します。

①原料による区分け
　綿、麻など、原料による分け方

②糸や繊維の種類による区分け
　フィラメント、スパン、加工糸など、糸や繊維の種類による分け方

③形態による区分け
　平織、斜文織など、形態による分け方

④用途による区分け
　婦人用、紳士用、スポーツ用など、用途による分け方

⑤組織による区分け
　二重織、パイル織など、組織による分け方

⑥地名、人名による区分け
　ガーゼ、モスリン、友禅など、地名や人名による分け方

⑦染色法による区分け
　先染め、後染めなど、染色法による分け方

⑧機能による区分け
　ストレッチ、防水など、機能による分け方

表 4-2-1 織物の種類

区分け方法	種類1	種類2	例
原料	綿織物	生地綿布	天竺(てんじく)
		精錬、漂白、染色	さらし綿布、色綿布
	麻織物		亜麻織物、ラミー織物
	毛織物	梳毛織物	トロピカル、ポーラ、サージ、ギャバジン、ドスキンなど
		紡毛織物	ツイード、ベロア、サキソニー、フラノなど
	絹織物	生織物	羽二重(はぶたえ)、縮緬(ちりめん)など
		練り織物	緞子(どんす)、着尺(きじゃく)など
		紬織物(つむぎ)	結城紬(ゆうき)など
	化学繊維織物		再生繊維織物（レーヨン織物、キュプラ織物）、半合成繊維織物（アセテート織物）、合成繊維織物（ナイロン織物、ポリエステル織物）など
	合成繊維織物		ナイロン織物、ポリエステル織物など
糸や種類			フィラメント織物、スパン織物、加工糸織物、強撚糸織物、混紡織物、交織織物など
形態	平織物		金巾(かなきん)、天竺、ブロード、羽二重、縮緬、トロピカル、ポーラなど
	斜文織物		デニム、サージ、ギャバジンなど
	朱子織物		綿朱子、ドスキン、綸子、緞子など
	その他		ドビー織物、紋織物、パイル織物、多重織物など
用途			婦人織物、紳士織物、ワーキングウェア織物、スポーツ織物、インテリア織物、産業資材織物など
組織			二重織物、パイル織物、絡み組織、綴錦織など
地名			ガーゼ、モスリン、ギンガム、ローン、ベネシャン、結城紬など
人名			アムンゼン、ジョーゼット、友禅など
染色法			先染め織物、後染め織物
機能			ストレッチ織物、防水織物、撥水織物など

4・織物

4-3 織物組織の表し方

●組織図

　織物を構成しているたて糸とよこ糸が、一定の規則にしたがって、上下、直角、立体的に交錯することを「織物を組織させる」といい、糸の交差の仕方を「織物組織」といいます。組織は、織物の構造や性能などを決定する大きな要因の1つで、いろいろな種類があります。

　織物は通常、たて糸がよこ糸の上になる場合と、よこ糸がたて糸の上になる場合とがあります。この2つを一定の規則にしたがって組み合わせ、織物組織を作ります。織物のたて糸とよこ糸の組み合わされている状態を、意匠紙（図4-3-1）という方眼紙を用いて表したものを「組織図」といいます。組織図は、交錯点での糸の浮き沈みの状態を一定の規則にしたがって表したものです。

　意匠紙のマスの部分はたて糸とよこ糸との組織点で、そのたて罫線の空間をたて糸1本、よこ罫線の空間をよこ糸1本とします。原則として、たて糸が浮いている、すなわちたて糸がよこ糸の上になっているマス目を黒く塗りつぶします。このマス目を組織点といいます。たて糸がよこ糸の下になっている組織点は白で表します。

　織物の組織は、一区間の組織をくり返して構成されており、この最小区間を完全組織といいます。完全組織は、織物組織の一循環です。織物の組織は完全組織で表します。

図 4-3-1　意匠紙

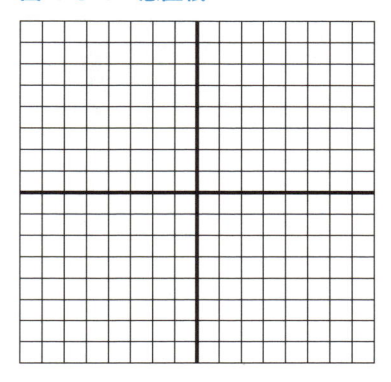

表 4-3-1　織物組織の分類

一重組織	三原組織	平織
		斜文織
		朱子織
	変化組織	変化平織、斜子織
		変化斜文織、急斜文、山形斜文
		変化朱子織
	特別組織	三原組織と変化組織によらない組織（蜂巣織、梨地織）
	混合組織	三原組織と変化組織を混合したもの
重ね組織	よこ二重織	よこ糸が二重織、玉ラシャ
	たて二重織	たて糸が二重織、両面朱子
	二重組織	風通織、袋織
パイル組織	たてパイル組織	たてビロード
	よこパイル組織	別珍、コージュロイ
	タオル組織	タオル
搦組織	搦組織	絽
		紗
紋組織		模様を浮き出したもの（紋綸子）

4・織物

4-4 織物組織の種類①

●三原組織

織物の組織は三原組織を基本として構成されています。三原組織とは、平織、斜文織、朱子織をいいます。

1）平織（図 4-4-1）

たて糸とよこ糸が1本おきに交差するという最も単純な組織で、三原組織の中では最も組織点が多い組織です。たて糸、よこ糸それぞれ2本ずつで完全組織が作られます。薄い織物ができますが、一般的には風合いが硬く、しわになりやすい組織です。織物組織の中では糸の交錯点が最も多いので、隣り合う糸が接近しにくく密度は粗いですが、外観は密に見えます。

平織の綿織物には、金巾（かなきん）、キャラコ、天竺、ブロード、ローン、ギンガムなどがあります。絹織物にはシホン、羽二重、タフタ、縮緬などがあり、毛織物にはトロピカル、ポーラなどがあります。

2）斜文織（ツイル）（図 4-4-2）

綾織ともいいます。たて糸が連続して浮いている組織点が織物表面に斜線状に現れます。この線を斜文線といいます。たて糸、よこ糸ともに3本以上で完全組織が構成されます。斜文織物は、たて、よこの浮きが平織よりも長く交錯点が少ないので、平織よりも糸密度を大きくすることができ、厚めの柔軟な織物になります。平織に比べて摩擦に弱いですが、組織が柔軟なのでしわになりにくく光沢があります。

綿織物にはドリル、デニム（ジーンズ）などがあり、毛織物にはサージ、ギャバジンなどがあります。

3）朱子織（サテン）（図 4-4-3）

たて糸、よこ糸ともに5本以上で構成されます。表面は滑らかで光沢に富んでいます。朱子織の組織では、1完全組織内にそれぞれのたて糸とよこ糸に関わる組織点は1カ所しかなく組織点は隔たっています。隣り合う交錯点の隔たりをよこ糸本数で表し、飛び数といいます。完全組織のたて糸本数を

図 4-4-1　平織　構造図と組織図

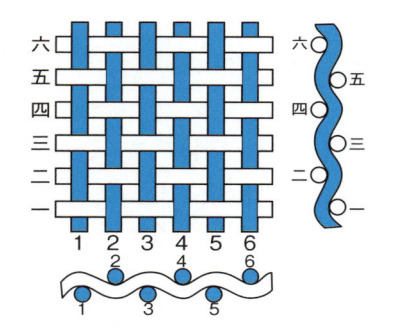

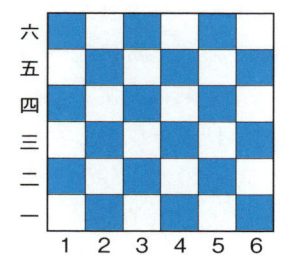

図 4-4-2　斜文織　構造図と組織図

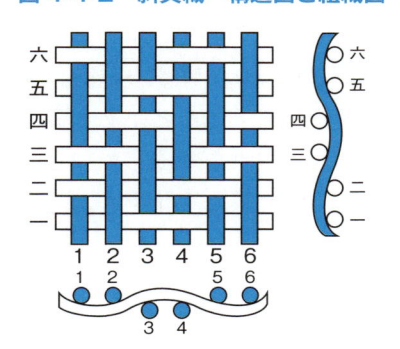

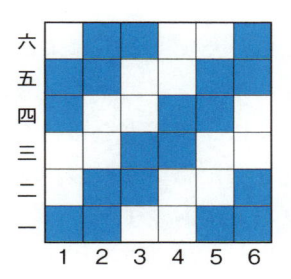

図 4-4-3　朱子織　構造図と組織図

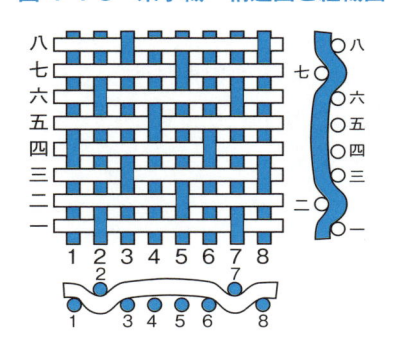

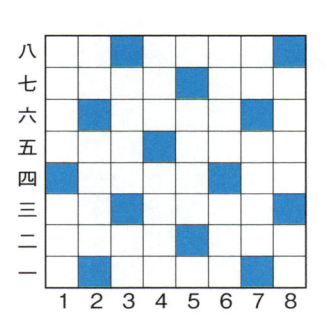

枚数といい、5枚朱子、8枚朱子が最も多く使われ、数字が多くなるほど朱子の特徴がよく表れますが、目ずれを生じやすくなります。

　糸の屈曲が少ないので、糸を密に並べることができ、織物は厚くなりますが、糸の拘束が少ないので柔軟です。

　朱子織物には、光沢の良さを生かした絹織物やレーヨン織物が多く、組織名が織物名になっているものに、サテンや朱子帯などがあります。また、綸子（りんず）や緞子（どんす）は、たて朱子とよこ朱子を組み合わせて模様を表した織物です。毛織物にはドスキンが、綿織物には綿朱子があります。

●変化組織

　三原組織を変化させたり、組み合わせたりしてできた組織を変化組織（図4-4-4）といいます。

　平織の変化組織には、たてあるいはよこ方向に畝（うね）が現れる畦織（あぜおり）（畝織）、2本以上のたて糸やよこ糸を一組にして平織組織とした斜子織（ななこおり）などがあります。

　斜文織の変化組織には、組織点を移動させたり、組織点を多くしたりして斜文線の角度を変化させた急斜文や緩斜文、また、斜文線に変化をもたせた山形斜文、破れ斜文などがあります。

　朱子織の変化組織には、組織点を加えた重ね朱子などがあります。

●特別組織

　これまで説明してきたどの組織にも分類が困難な組織を特別組織（図4-4-5）といいます。布面に方形、または菱形の凹凸が現れ、蜂の巣のような外観を持つ蜂巣織（はちすおり）、搦組織（からみそしき）に似せて作った模紗織（もしゃおり）、組織点に変化を持たせて梨の表面のような外観を持たせた梨地織（なしじおり）などがあります。そのほかにも、互いに隣接する部分の組織を表裏反対にした、昼夜組織などがあります。

図 4-4-4　変化組織の例

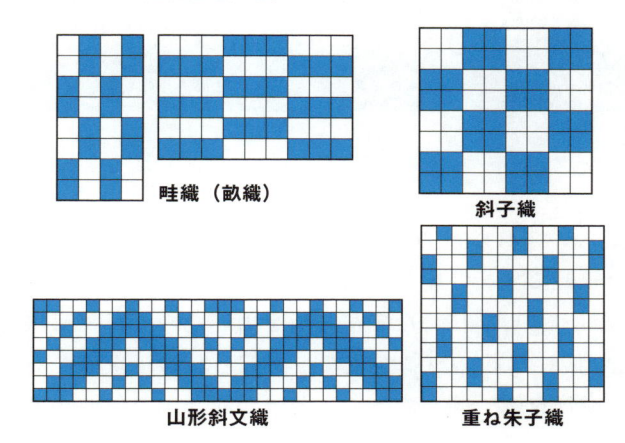

畦織（畝織）　　　　　　斜子織

山形斜文織　　　　　　重ね朱子織

図 4-4-5　特別組織の例

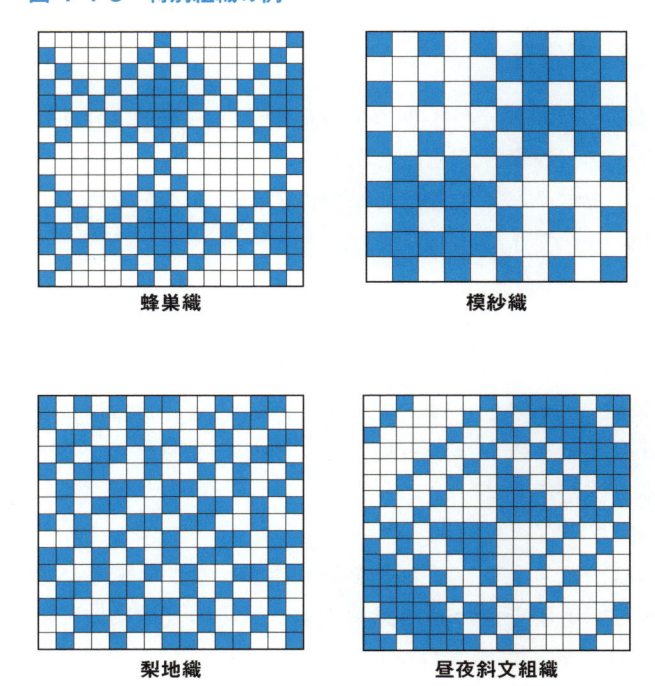

蜂巣織　　　　　　模紗織

梨地織　　　　　　昼夜斜文組織

4・織物

4-5 織物組織の種類②

●二重組織

　二重組織は、たて、よこのいずれか一方、あるいは、たてよこの両方に、片面とは別の組織を加えた組織です。つまり、二重組織は2種の糸を用いた組織で、よこ糸2種を用いたよこ二重組織、たて糸2種を用いたたて二重組織、たて、よこ共に2種の糸を用い、2枚の織物が重なって織られる二重織があります。これらの組織は、織物を厚く強くする、表と裏が異なった色柄の織物を作る、目方を増やす、模様を織り出す、袋織を作る、パイル織を作るなどに利用されています。二重織を応用したものには、袋織（図4-5-1）や消防ホースなどがあります。

●パイル組織

　パイル組織とは、地組織とは別に、パイル糸を織物の表面、または両面に織り込んだ組織です。ループ（輪奈）を立たせたループパイルと、毛羽を立たせたカットパイルがあります。パイルをたて糸で作るか、よこ糸で作るかによって、以下の2種類に分類できます。

1）たてパイル織物

　パイルたて糸によってパイルを作る織物で、ビロードやタオルなどがあります。タオルは、たて糸で作った地組織の間に、別のたて糸で準備した輪奈を割り込ませて織り上げます。ビロードは、よこ糸方向に針金、または板金を織り込み、その後に針金を引き抜きながら輪奈を切断して毛羽を立てる方法と、二重織を応用する方法があります。

2）よこパイル織物（図4-5-2）

　地組織を作るよこ糸のほかに、よこパイル糸を長く浮かせながら織り込み、その浮き糸の中央を切断して毛羽を立たせた織物です。織物の表面にたて畝状に毛羽を立てたものをコージュロイ（コール天）、全面に毛羽を立てた織物を別珍といいます。

● 搦組織(からみ)

　２本のたて糸が、互いに左右の位置を入れ替えながら、よこ糸を織り込んでゆく組織です。よこ糸とよこ糸の間に絡み目ができます。たて糸がよこ糸をしっかり固定するので目ずれが起きにくく、隙間の多い組織となります。紗(しゃ)は、たて糸が１回絡むたびによこ糸が１本織り込まれる組織であり、絽(ろ)は、よこ糸が３本以上の奇数本織り込まれて絡む組織をいいます（図 4-5-3）。

図 4-5-1　袋織

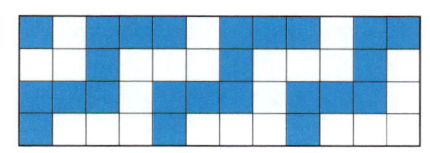

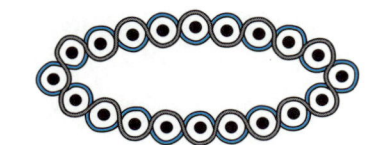

図 4-5-2　よこパイル組織の例

別珍の構造

コージュロイ（コール天）の構造

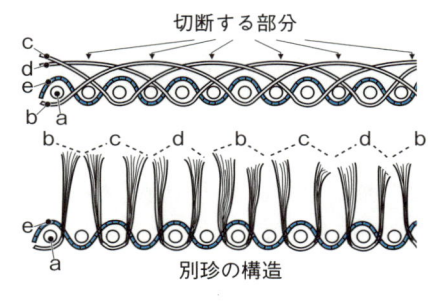

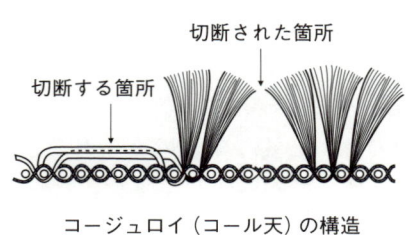

図 4-5-3　紗と絽

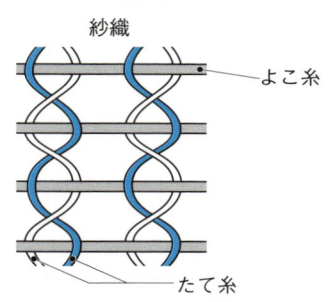

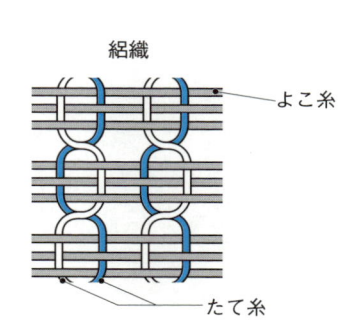

紗織　　　　　絽織

4-6 製織準備

●織る前に

　織物は、織機でたて糸の間によこ糸をくぐらせて織ります。織る前に、たて糸とよこ糸を織機に仕掛けられる状態にするための準備をします。この準備工程の良し悪しは、後の織物を織る効率や、織物の品質に大きな影響を与えます。織物の準備工程は、原糸の種類、織物の種類、たて糸とよこ糸、用途などによって異なります。

●たて糸の準備工程

　たて糸の主な準備工程は次のとおりです（図 4-6-1）。

1）巻き返し
　糸の汚れや太さのムラなどの欠点を取り除いて、整経や管巻（くだまき）など、次の工程に仕掛けやすくします。

2）整経
　織物の幅に必要な本数のたて糸を、必要な長さだけ、配列順序を整えて、整経機を使って順序正しく平行にビームに巻き取ります。

3）糊付け
　たて糸は、製織中に強い張力のほか、筬（おさ）やヘルド（綜絖（そうこう））との摩擦および糸相互の摩擦も加わります。これらの力に耐え、糸切れを防ぎ、毛羽立ち（けば）を防ぐために、また、製織効率を上げるために糸に糊付けをします。

4）経通し（へどおし）
　ビームに巻き取られたたて糸は、織機に仕掛ける前に、ドロッパー（織っている間にたて糸が切れたとき、運転を自動的に停止する装置の一部）、ヘルド（綜絖（そうこう））、筬（おさ）の順に通し、織機に仕掛けられる状態にします。

5）機掛け（はたがけ）
　経通しのすんだたて糸ビームを織機に取り付けます。

●よこ糸の準備工程

よこ糸の準備工程は以下のとおりです（図 4-6-1）。
1）　巻き返し
2）　管巻

　よこ糸をシャットル（杼(ひ)）（図 4-6-2）内に収めやすく、ほぐれやすくするために、細い木管に巻き取ります。巻き取られた管糸は、シャットルの中に収めて織機にかけます。一部の高速織機や、シャットルを用いない革新織機では、よこ糸をチーズから直接織機に供給するので管巻は不要です。

図 4-6-1　製織準備工程

たて糸準備工程

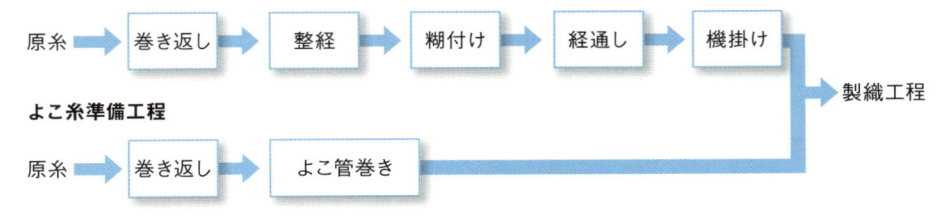

原糸 → 巻き返し → 整経 → 糊付け → 経通し → 機掛け → 製織工程

よこ糸準備工程

原糸 → 巻き返し → よこ管巻き → 製織工程

図 4-6-2　緯管糸とシャットル（杼）

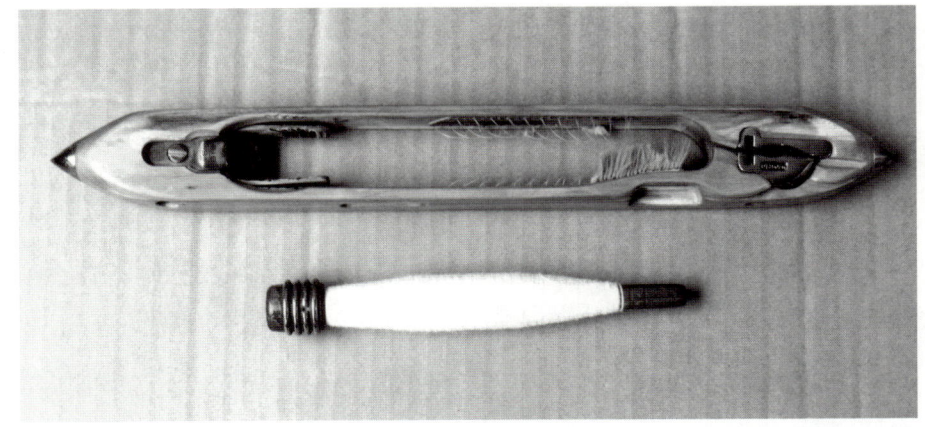

写真提供：旭合繊維㈱

4-7 製織

●織機の運動

　糸が織機に仕掛けられると、製織工程になります。織機には、繊維原料や織り上げる織物の種別、開口の方法、よこ糸を打ち込む方法の違いなどによって、さまざまな種類があります。しかし、どの織機も原理はほとんど同じです。シャットル織機を例に、織物の作り方の概念を説明します（図4-7-1）。

　織物は、たて方向、よこ方向の糸を交差させて織り上げますが、織機の運動は、主運動、副運動、補助運動の3つに大別されます。

●主運動
たて糸、よこ糸を組織させて、織物を作る基本的な運動です。
1) 開口（かいこう）運動
　ヘルド（綜絖（そうこう））によって、たて糸が上下2つのグループに分けられ、開口部（杼口（ひぐち））が作られます。この運動で、織物の組織が決まります。
2) よこ入れ運動
　開口された杼口に、よこ糸が入っているシャットル（杼（ひ））を打ち込みます。よこ糸の打ち込み方にはいろいろな方法があり、織物を織る効率は、この打ち込み方法に左右されます。
3) 筬打ち（おさうち）運動
　打ち込んだよこ糸を筬によって織前に打ち寄せる運動です。この運動によって、たて糸とよこ糸は初めて織物になります。

　さらに次のよこ糸を打ち込むために、たて糸の別の組み合わせの杼口が作られ、ここによこ糸が打ち込まれます。このような運動をくり返しながら、織物が織り進められます。

●副運動
　織物を作る基本的な運動を行なう上で、欠かせない運動です。

1）巻き取り運動

織り上がった織物を、その分だけ順次巻き取る運動です。

2）送り出し運動

巻き取られたたて糸と同じ量のたて糸を、ビームから送り出す運動です。

● 補助運動

高品質の織物を効率よく作る上で必要な運動です。

1）たて糸切断停止装置

たて糸が切れたときに、織機を停止する装置です。

2）よこ糸切断停止装置

よこ糸が切れたときや無くなったときに、織機を停止する装置です。

3）よこ糸補充装置

よこ糸が無くなったときに、織機を運転したままの状態でよこ糸を自動補給する装置です。この装置がある織機を「自動織機」といいます。

4）杼箱交換装置

何種類かの色糸を使っている織物の場合、杼箱を上下に動かして、任意の色の糸を選んで切り替える装置です。

図 4-7-1　製織の原理

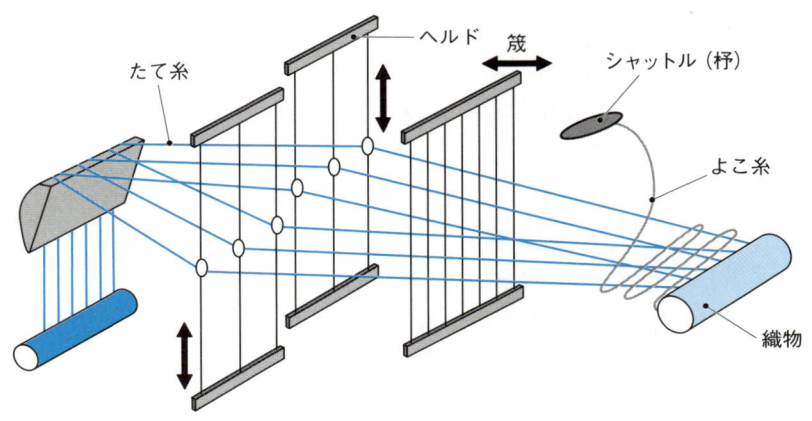

●織機を動かす方法

織機が発明された当初、織機は人間が手で動かしていましたが、やがて水力や電力などの動力を使うようになりました。そして、現在使われている織機の多くは力織機です。

1) 手織機
文字通り、人間が手で動かす織機です。

2) 力織機
動力で動かす織機です。

3) 自動織機
織機を停止しなくても自動的によこ糸を供給できる織機です。

●織機の種類

織機の分類には、開口の仕方による分類方法もありますが、一般的には、よこ入れの方法、すなわちよこ糸を打ち込む方法によって分類します。

よこ入れ方法は、大きく分けるとシャットル(杼)を使う有杼織機と、シャットルを使わない無杼織機（シャットルレス織機）に分かれます。シャットルレス織機には、グリッパー織機、レピア織機、ウォータージェット織機、エアジェット織機があり、従来の織機と全く異なる方法でよこ入れを行うので、「革新織機」ということもあります。

1) シャットル織機（有杼織機）（図 4-7-2)

シャットルを用いてよこ入れをする織機です。織機の機械調整には熟練を要します。この織機は、重いシャットル（杼）を左右両端で衝撃によって打ち込むので、高速運転ができません。騒音が大きく、エネルギーのロスも大きく、運転速度は、毎分 150 回転程度です。しかし、織物の品質がよく、需要が大きいので、今も広く用いられています。

2) グリッパー織機（プロジェクタイル織機）

グリッパー（プロジェクタイル）（図 4-7-3）というシャットルに似た器具を使ってよこ入れを行ないます。グリッパーは鉛筆くらいの大きさで、後部でよこ糸をつかみ、よこ入れをします。一方向によこ入れし、繊細な織物には向いていません。幅の広い織物を織ることができ、幅 540cmの織物を織る

ことが可能です。運転速度は、毎分300回転～400回転程度です。

3）レピア織機

　よこ入れは、レピア（図4-7-4）と呼ばれる槍の形をした棒状のもの、または平らな薄板によって行われます。多色のよこ入れができるので、さまざまな色糸を使用した織物を織ることが可能です。織物幅360cmくらいの織物まで織ることが可能です。運転速度は、毎分400回転～500回転程度です。

4）ウォータージェット織機（図4-7-5）

　高水圧の水流で織機全幅によこ入れをします。水流の到達距離に制限があるので、織物幅は230cm程度が限界です。また、よこ入れのときに水を使うので、親水性の素材には適しません。水流の初速は毎秒80m程度ですから新幹線並みのスピードです。運転速度は、毎分800回転～1000回転程度です。

5）エアジェット織機（図4-7-6）

　圧力空気の噴射力を利用してよこ入れを行ないます。メインノズルでよこ糸を杼口まで導き、よこ入れの推進はよこ糸走行時にサブノズルから噴射する空気流で行ないます。織物幅は4mくらいまで織ることが可能です。運転速度は、毎分800回転～1000回転程度です。

図4-7-2　有杼織機（シャットル織機）

写真提供：旭合繊維㈱

図4-7-3　グリッパー（プロジェクタイル）（下）

図4-7-4　レピア

（2点とも）写真提供：産業技術記念館

図4-7-5　ウォータージェット織機

図4-7-6　エアジェット織機

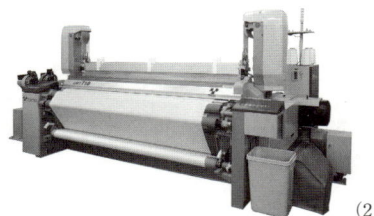

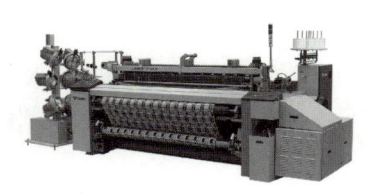

（2点とも）写真提供：㈱豊田自動織機

4-8 織物の柄出し

●織物の柄出しと開口方式

　織物の柄出し方法は、開口運動(4-7節)によってたて糸を上下2つのグループに分け、その空間によこ糸を打ち込んで柄を作ります。

　開口運動の際、たて糸を上げる装置にはタペット式開口装置、ドビー式開口装置、ジャカード式開口装置の3つがあります。最近は、技術の進歩によって、模様や柄出しにコンピュータ制御のドビー式開口装置やジャカード式開口装置が普及しています。

1）タペット式開口装置（図4-8-1）

　ヘルド（綜絖（そうこう））を上下させる手段として、カムに接触してカムの運動を伝えるタペットという装置を使います。1台の織機で使えるタペットの個数には限りがあるので、あまり複雑な柄はできません。平織や簡単な斜文織を織るのに使われます。完全組織のたて糸本数が8本、つまりヘルド枚数が8枚以下のものが多く使われます。

2）ドビー式開口装置（図4-8-2）

　タペット式では対応できない複雑な組織の織物を織ります。ドビー式開口装置のヘルドは、8枚から最大48枚まで取りつけることができますが、16枚程度までのものが多く使われています。ヘルド1枚ごとの開口を行ない、織物の小さな柄出しに使われます。

3）ジャカード式開口装置（図4-8-3）

　複雑な模様や大きな模様を織るにはジャカード式開口装置が使われます。ジャカード式開口装置は、ヘルドの代わりに通糸（つうじ）を用い、通糸に連結された目がらすにたて糸1本を通し、たて糸1本1本を独立して上下させることができるので、さまざまな織物組織を織ることができます。よこ糸1本に対して紋紙を1枚使用します。この紋紙によって柄を作ります。

図 4-8-1 タペット式開口装置

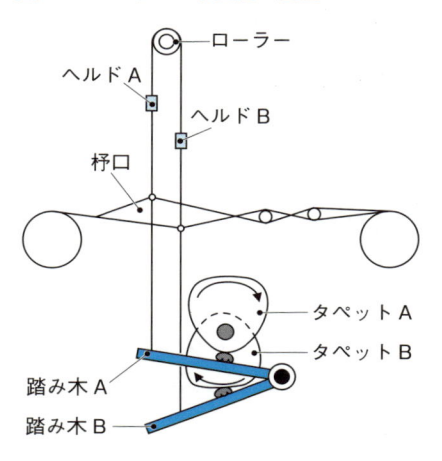

① タペット A が踏木 A を押し下げる
② ヘルド A が下がり、ヘルド B が上がる
③ タペット B が踏木 B を押し下げる
④ ヘルド B が下がり、ヘルド A が上がる

この繰り返しでたて糸が上下に分かれ、杼口を作る

図 4-8-2 ドビー式開口装置

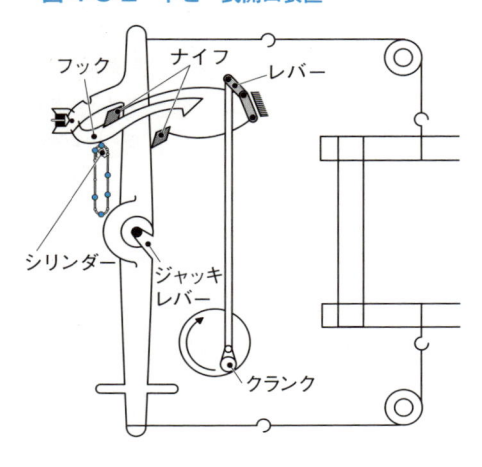

① クランクの動きによりレバーが動く
② レバーの動きによりナイフが往復運動し、シリンダーが回転する
③ 往復運動しているナイフにかかってジャッキレバーが動く
④ ジャッキレバーがヘルドを引き上げ、あるいは引き下げ、杼口を作る

図 4-8-3 ジャカード式開口装置

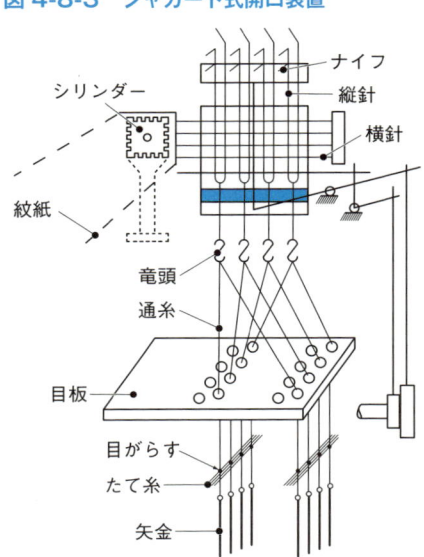

① よこ糸1本に対して1枚の紋紙に、組織に応じた穴をあけ、シリンダーにかぶせる
② シリンダーが右方向（横針の方）へ動き、紋紙が横針にあたる
③ 紋紙に穴があいていると、その穴から横針がシリンダーの穴に入り、縦針はナイフに引っかかったままになる
④ ナイフが上昇すると縦針も上昇し、竜頭と通糸も上昇する
⑤ 通糸の目がらすに通されたたて糸が引き上げられ、杼口を作る（引き下げは矢金の重りで行う）
※紋紙に穴があいていなければ、横針が紋紙に押され、縦針がナイフからはずれるため、ナイフが上昇しても縦針は上昇しない
※シリンダーが回転すると、次の紋紙が送られる

4・織物

> ### ❗ シャットルって何？
>
> 　皆さんは、スペースシャトルとかシャトルバスとかいう言葉をよくお聞きになっていると思います。スペースシャトルは、アメリカの NASA が宇宙輸送システムの一環として有人宇宙飛行のために使っていた宇宙船です。シャトルバスは、催物会場とターミナル駅の間など、近距離を何度も頻繁に往復するバスです。織機のシャットル（杼(ひ)）のように、短い周期で往復を繰り返すものにシャトルという名前がつけられているのです。例えば、バトミントンで使用する「シャトルコック」、比較的短距離の往復を繰り返して運行される交通機関などの愛称としても使われています。訳語として「往還」という言葉が使われることもあります。

第5章

編物

糸の輪を連続させることによって作られる編物には、
織物とはまた別の種類、特徴があります。
それぞれの特徴や、製造方法について見てみましょう。

5-1 編物とは

●編物の定義

　織物がたて、よこの2方向から糸の交差によって作られるのに対し、編物はよこ、あるいはたてのいずれか1方向の糸を使ったループ（輪奈）を連続させることによって作られています。編物は、よこ方向の糸で作られるものをよこ編、たて方向で作られるものをたて編といいます。

　編物を意味する「メリヤス」という言葉は、スペイン語の「MEDIAS（メディアス）」、またはポルトガル語の「MEIAS（メイアス）」が語源といわれています。いずれも靴下を意味し、編物が用いられ始めた頃、靴下が主要製品であったことと関連しています。

　編物には、表5-1-1のような長所と短所があります。

●編物の起源

　現存する編物の最古の手編み靴下や手袋は、西暦1100年代のものといわれています。編む（ニット）という技術がいつどこで始まったかということはわかっていませんが、織物の技術を基礎にして考えられたのではないかといわれています。編物最古の遺物は紀元前5000年頃の先史エジプト時代の動物を包んだ編物であるといわれていますが、手編みの基礎技術を完成させたのは、アラビアの砂漠にいた遊牧民族で、紀元前2～3世紀にはかなり精巧な「アラビアのサンダル用靴下」を作っていました。これらの編物の技術は古代エジプトに伝わり、7～9世紀には帽子も編まれるようになりました。14～15世紀になってこれらの技術はヨーロッパ各地に伝わり、一般市民の衣料にまで広まりました。

　機械編の出現は、1589年、イギリスのウイリアム・リーがひげ針を使って手動式の靴下編機を作ったのが始まりです。その後、相次いで各種の編機、編針が発明されました。現在では、エレクトロニクスを応用した編機が主流となっています。

日本に編物が伝わったのは、織田・豊臣時代で、その頃渡来してきたヨーロッパ人が手編みの靴下を着用していたことは、当時の風俗画からもうかがうことができます。また、徳川時代の初めの水戸光圀公（1700年没）の遺品の中にヨーロッパ製の靴下があります。

　日本で機械編が始まったのは、1870年、西村勝三氏がアメリカ製小型丸編機を輸入して靴下を製造したのが始まりといわれ、この頃から編機が次々に輸入され、日本中に広がりました。

表 5-1-1　編物の長所と短所

長所	短所
身体によくフィットする	型くずれしやすい
ソフトでしなやかである	ラダリング（伝線）しやすい
ドレープ性に富んでいる	スナッグ（引きつれ）を起こしやすい
しわになりにくい	ピル（毛玉）が起こりやすい
着脱が容易である	仕上げ加工、裁断、縫製がしにくい
通気性、保温性に富んでいる	単位面積あたりの重さが重い
模様、配色柄を容易に作れる	
成形ができる	

5-2 編物の種類

●ニットとは

　ニットを以前は編物と呼んでいました。ニットという言葉は「編まれた衣服」を意味しますが、広義、狭義の2つの意味があります。

　狭義では、「編まれた衣料」という意味で、ファッショニングという編目を増やしたり減らしたりして形を整えた製品をさします。広義の意味に使う場合は、セーターやスーツなどの外衣はもちろんのこと、肌着や靴下、手袋まで含まれます。普通は、編まれた外衣（ニッテッド・アウター・ウェア）と同じ意味に使われ、ジャージ（編まれた生地）から裁断、縫製（カット・アンド・ソー）された外衣類まで、あらゆるニット製品が含まれます。

　編物は、メリヤス、ニット、ジャージなどと呼ばれていますが、商業的には、下着はメリヤス、セーターはニット、外衣はジャージ、というように、漠然と使い分けられています。

●編地の形状

　編針は、針床という、金属の板の上でループを作ります。この針床には溝がついていて、編針はこの溝にそって動いています。そのため、針床の形は編地の形と密接な関係があり、平形の針床からは平面状の編地が、円形の針床からは筒状の編地が編まれます。よこ編機には針床が円形の丸編機と、平形の横編機とがあります。たて編機は大部分が平形です。

　編地は針床の形で分類されるほか、用途や形によって表5-2-1のように分類することもあります。

表 5-2-1　編地の形状

流し編地		使う編機に関係なく、同じ針本数のまま編み流した編地で、反物状に編まれた編地です。流し編地は生地から裁断、縫製して製品に仕上げられ、カット・アンド・ソー製品、またはカットソー製品と呼ばれます
ガーメントレングス編地（半成形編地）		丸編機を使って1人分ずつの身丈を区切り、裾部分のゴム編、身頃部分の編組織を変えながら編んでいきます。首の部分や袖付けなどの処理を行わないので、製品に仕上げるときには裁断や縫製をしなければなりません
成形編	成形編地	主に平形の横編機を使って、編地の幅を増減しながら身頃や袖を成形し、衣服の形に1枚ずつ編んでいく編地です。パーツをかがり合わせて製品に仕上げます。フルファッション編地もこの部類です
	インテグラルニット	衿、前立て、ポケット、ボタンホールなど、後工程で手間のかかる作業を編機の上で身頃と同時に編み立てた編地です
	無縫製横編機による機上縫製（ホールガーメント®）（図 5-2-1）	無縫製コンピュータ横編機で編んだ製品です。裾から身頃、袖と同時に編みこみ、前立て、ポケットなどの付属品も編機の上で一体化されて編むことができ、編機の上で完成します。後で縫製をしないので、作業効率がよく、かがり合わせによるゴロツキもありません。着心地がよく、シルエットも美しく見えます **ホールガーメント® の製品** 写真提供／㈱島精機製作所

※ホールガーメントは株式会社島精機製作所の登録商標です。

5-3 編目

●よこ編の編目

　よこ編では新しい編目を作るとき、糸を手前に引き出すか、向こう側に引き出すかによって表目、裏目の区別をします（図5-3-1）。

表目　新しい糸が針にかかり、古い編目をくぐって向こう側から手前側（表側）に新しい編目が引き出されて作られる編目です。

裏目　新しい糸が針にかかり、古い編目をくぐって手前側から向こう側に新しい編目が引き出されて作られる編目です。

●たて編の編目

　たて編の編組織は開き目と閉じ目の組み合わせによって作られます（図5-3-2）。

開き目　同じ糸が交差しないで作られた編目です。

閉じ目　同じ糸が編目の基部で交差している編目です。

●ウェールとコース

ウェール　編地で、たて方向（耳方向）に並んだ編目の連なりをいいます（図5-3-3）。

コース　編地で、よこ方向（幅方向）に並んだ編目の連なり（段）をいいます（図5-3-3）。

●ニット、タック、ウェルト（ミス）

　編目には、ニット、タック、ウェルト（ミス）の3種類あります。

ニット　編目が編針のべらをくぐり抜けて、編糸が編針のフックにかかり、編み立てが行われた状態です。通常の編目をいいます。

タック　古い編目がべらをくぐり抜けず、編糸は編針にかかったままの状態です。次のコースで、新しく供給された糸とともに編針が編目を作るので、古い編目が引き上げられて編み立てられます。

ウェルト（ミス） 編目はべらを外れず、編糸も編針のフックにかからず、編まれない状態をいいます。

図 5-3-1　表目と裏目

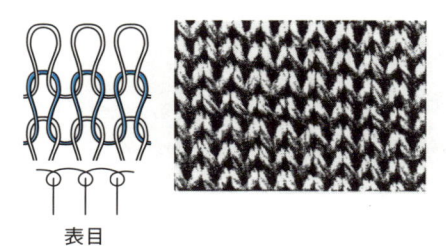

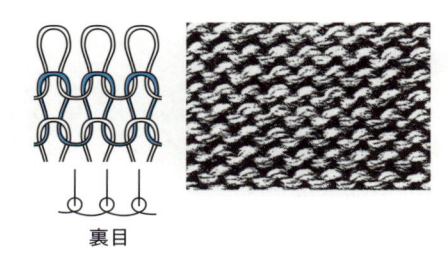

表目

裏目

図 5-3-2　開き目と閉じ目

	開き目	閉じ目
編目		
編成記号		

図 5-3-3　ウェールとコース

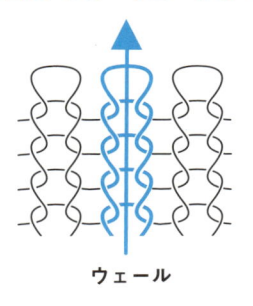

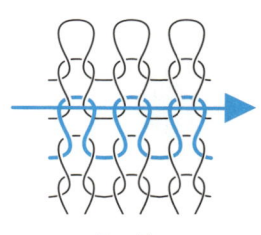

ウェール

コース

5-4 編密度の表し方と編組織

●編密度

編地の密度は、単位区間内にあるウェール数とコース数で表すのが原則です。単位区間としては、1インチ（2.54cm）をとるのが一般的ですが、粗ゲージの製品では1インチ以外の長さをとることもあります。このほかに、1/2インチ（1.27cm）間のウェール数とコース数の和で表すこともあります。この表し方は日本独自の表し方で、度目と呼ばれています。

●たて編とよこ編

編物を編みかたで分類すると、たて編とよこ編に大別されます（表5-4-1）。

よこ編

糸が編地の幅（よこ方向、コース）方向に次々に編目を作っていく編みかたです。編地は一段ずつ編み上げます。よこ編は、針を植えてある針床の形によって、丸編（針床が円形）と横編（針床が平形）に分類されます。丸編は、一方向に円筒状に編み進んでいきますが、横編は横方向に往復しながら編み進んでいきます。横編機で編んだ製品は成形ができます。

たて編

多数のたて糸を使って、たて糸が作る編目をほかのたて糸の編目と連続させて、たて方向に編んでいきます。針列の上には筬と呼ばれるバーが置かれ、筬に取り付けた導糸針（ガイド）にはたて糸が1本ずつ通されています（図5-4-1）。導糸針は筬の運動にしたがって、いっせいにたて糸が編針に引っかかるように編針のまわりを一回りします。編針は糸を引っかけて下にさがり、前の編目の中をくぐって新しい編目を作ります。筬が横に移動して糸を引っかける編針を選び、編組織や柄を作ります。

●編組織の表示方法

織物の組織を示す組織図はよく知られていますが、ニットの組織を示す方

法についてはおなじみではないと思います。日本では、工業的に生産される製品の編み方を表示する方法として、編成記号が使われています。

表 5-4-1　たて編とよこ編の比較

項目	たて編	よこ編
編み立てに必要な糸	たて糸	よこ糸
準備工程	整経する必要がある	整経は不要
成形製品	一般的には成形製品は作れない。生地を作り、縫製して製品にする	横編やフルファッション機、靴下編機は成形製品を作ることができる
伸縮性	織物より大きく、よこ編よりは小さい	伸縮性が大きい
ラダリング(伝線)	一般的にはラダリングしない。ほどけにくい	ラダリングしやすい。ほどけやすい
使用する糸の太さ	同じ機械に仕掛ける糸の番手は機械のゲージで決まるがよこ編機よりも範囲が広い	同じ機械に仕掛ける糸の番手は機械のゲージで決まり、使用できる糸の範囲が狭い
設備資金	設備に多額の資金を要する	設備資金は比較的小さいがコンピュータ編機のような高額の機械もある
ロット量	大きい	小さい

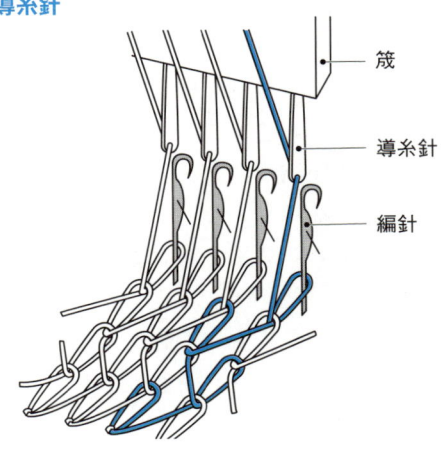

図 5-4-1　筬と導糸針

5-5 よこ編

●よこ編の組織

よこ編の組織は、表目と裏目の組み合わせ方によっていろいろな編組織を作ることができます。基本的な三原組織や、三原組織に両面編やタック、ウェルト、振り、目移しなどの技術を応用した変化組織が用いられます。

●三原組織

平編、リブ編（ゴム編）、パール編、の3つの基本的な編組織を、三原組織といいます。

1）平編（図 5-5-1）

天竺ともいいます。1列針床で編まれる、よこ編地の代表的な編地です。ループをすべて同じ側に引き出して編目を作るので、編地の表裏がはっきりと区別できます。表側に耳まくれ（カーリング）する性質があります。外見は単純ですが、すべての編組織の基本となります。糸の良し悪し、編み立て技術の良し悪しが極端に編地に表われます。よこ方向によく伸び、軽くて薄い編地です。

2）リブ編（ゴム編）（図 5-5-2）

2列針床の横編機、または丸編機で作られ、丸編機で編んだときにはフライスといいます。たて方向に交互にループを引き出して編目を作ります。編糸は両針床の編針を交互にわたっていきます。たて方向の畝が表にも裏にもあり、交互に畝が立っているので伸縮性に富み、とくに、コース方向（よこ方向）の伸縮性に優れています。セーターなどの袖口や、裾ゴムなどに多用されます。平編よりも地厚感があり、耳まくれしません。

3）パール編（図 5-5-3）

リンクス編ともいいます。ダブルシリンダーの丸編機、あるいは2列針床の横編機で作られ、手編みの場合にはガーターと呼ばれます。よこ方向に交互に反対側にループを引き出して編み立てたもので、たて方向に表目と裏目

が交互に並んでいます。表裏どちらから見ても裏目のように見えます。平編よりも地厚で、とくに、たて方向の伸縮が大きく、耳まくれしません。

図5-5-1　平編の編成記号と編地

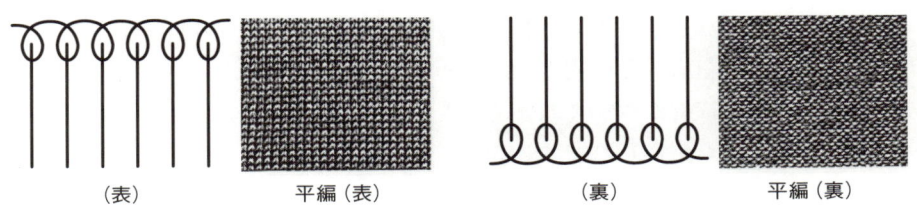

(表)　　　平編(表)　　　(裏)　　　平編(裏)

図5-5-2　リブ編の編成記号と編地

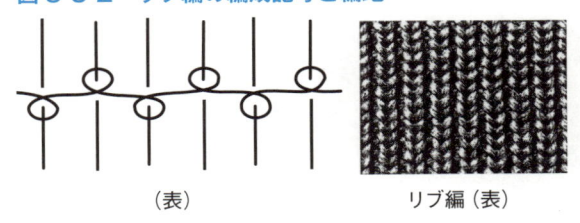

(表)　　　リブ編(表)

図5-5-3　パール編の編成記号と編地

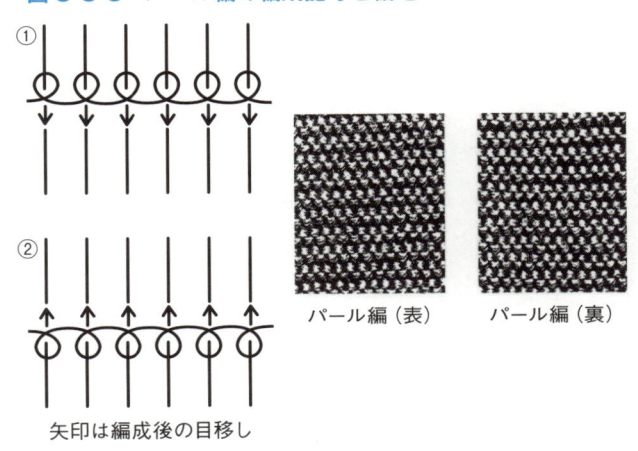

①

②

パール編(表)　　　パール編(裏)

矢印は編成後の目移し

パール編は2つのコースで編組織が完成する

●両面編

両面編（図5-5-4）は2列針床の横編機、または丸編機で作られます。インターロック、あるいはスムース編ともいいます。2つのリブ編を腹合わせに編んだもので、表、裏とも平編の表目のように見えます。この両面編からさらにいろいろな変化組織へと応用でき、ジャージ展開の基本ともいえます。表面が滑らかで、伸縮性が少なく耳まくれしません。リブ編よりも地厚感があり、外衣用として多く用いられます。

●シングル組織とダブル組織

編地は編機の針床の数によって、シングル組織とダブル組織に分けられます。シングル組織（シングルニット）は、1列針床の編機で編まれた編地で、主に平編を編みます。編機としては、横編機やフルファッション編機、丸編機のうちの台丸編機、吊編機がこれに属します。ダブル組織（ダブルニット）は、2列針床の編機で編まれた編地をいいます。

●変化組織

よこ編の変化組織には表5-5-1のようなものがあります。
　コースを1つ飛ばして次のコースで2本の糸を一緒に編みこんで編目を作るタック、針に糸をかけずに編目を作らないウェルトなどの技術を使っていろいろな変化組織を作ります。以下では、代表的なよこ編の変化組織について紹介します。

1）片畦編
　2列針床の横編機または丸編機で作られます。1コース目はリブ編、2コース目は前後の針床に前側ニット、後側タックを交互にくり返して作ります。

2）両畦編
　2列針床の横編機または丸編機で作られます。1コース目は前針床でニット、後針床でタック、2コース目は後針床でニット、前針床でタックし、これを交互に繰り返します。立体的で重厚な編地ができます。

3）ミラノリブ
　1コース目は平編、2コース目と3コース目は片側針床のみの平編をくり

返して作ります。コース方向の伸縮が少なく、編地はコシがあり安定しています。

4) 鹿の子編（かのこ編）

横編機または丸編機で作られます。タック編の1つで、かのこ状に小さめの柄が互い違いに配列されて総柄状になったものを鹿の子編と総称しています。その多くは平編をベースに、タックとニットを交互に規則的に配列して編まれた組織です。ポロシャツ用生地に多く用いられます。

図 5-5-4　両面編の編成記号と編地

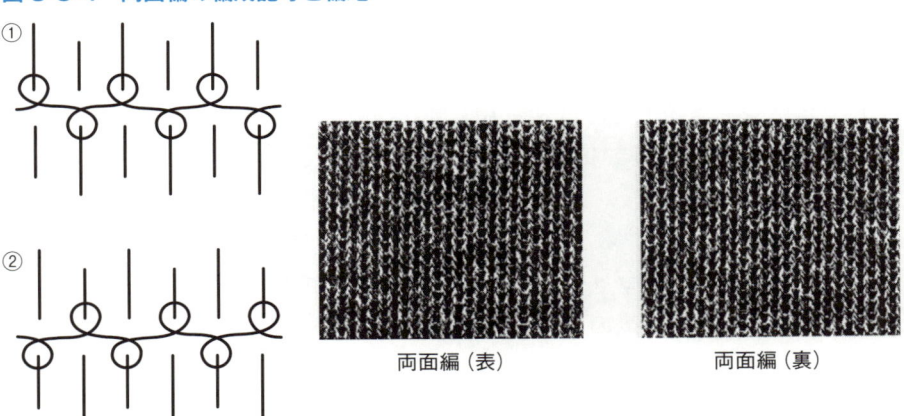

両面編（表）　　両面編（裏）

両面編は2つのコースで編組織が完成する

表 5-5-1　よこ編の変化組織

	平編	リブ編	パール編	両面編	柄物
無地柄、タック、ウェルトの応用	鹿の子 裏毛編 パイル編	畦編 ミラノリブ ダブルピケ 矢振り柄		シングルピケ ポンチローマ	主として グループ選針
ジャカード柄、色糸による柄	ジャカード柄	ジャカード柄	ジャカード柄		主として ニードル選針

5-6 たて編

●たて編の組織

たて編では、導糸針に通された多くのたて糸を筬で振って編針にかけて編み立てを行ないます。たて編の組織は、開き目と閉じ目の組み合わせによって作られます。

●三原組織

たて編にも三原組織と呼ばれる基本的な編組織がありますが、この三原組織は実用性に乏しく、この編組織が使用されることはほとんどありません。

●シングルデンビー編

1／1シングルトリコット編ともいいます。たて編の中では、最も基本的な編組織です。1枚の筬のたて糸を編み、次のコースのとなりの針に巻きつけて編み立てた組織です。その次のコースは元の針に戻ります。（図5-6-1）

●シングルコード編

1枚の筬のたて糸を1針おいた隣の針に交互に巻きつけて編み立てた編地で、元のウェールから2針以上離れた位置に組織されます。コード編は、次の編目が移るウェール数によって異なった名前がついています。1つおいて隣に移るものを1／2トリコット編、2つおいて隣に移るものを1／3サテン編といいます。（図5-6-2）

●シングルアトラス編

シングルバンダイク編ともいいます。1枚筬のたて糸が隣の針の方向に一定のコース数だけ移動しながら編目を作り、次に逆方向に元のウェールまで戻りながら編み立てます。色糸を使うとジグザグ柄が表われます。（図5-6-3）

●変化組織

　たて編の基本組織は1枚筬で編まれますが、現実に作られるたて編地は、1枚筬で編まれることはほとんどなく、通常は2枚以上の筬を使って編まれます。

●ハーフトリコット編

　シャルムース、ハーフ生地ともいいます。2枚筬で編み立てますが、前筬で1／1シングルコード編、後筬でシングルデンビー編を編みます。安定した編地で、たて編の中では最も多く生産されています。ファンデーションなどのアンダーウェアから産業資材まで広く使われています。（図5-6-4）

●逆ハーフ編

　ハーフトリコット編とは逆に、前筬でシングルデンビー編、後筬でシングルコード編を編んだ組織です。シャツ地や裏地などに使われています。

図5-6-1　シングルデンビー編

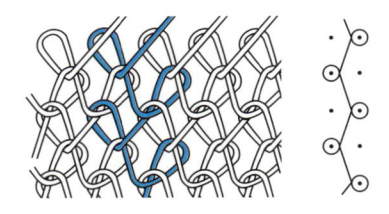

図5-6-2　シングルコード編

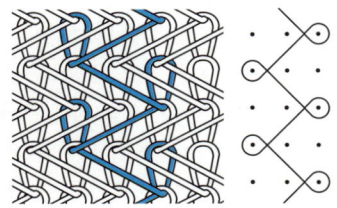

図5-6-3　シングルアトラス編

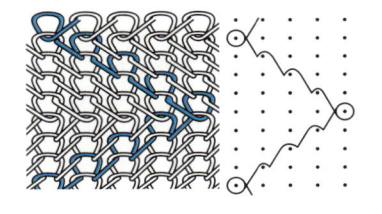

図5-6-4　ハーフトリコット編

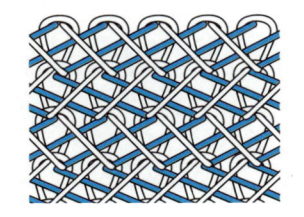

5-7 編成

●編針の種類と編目の形成

　編機では、編針（図5-7-1）に供給されている糸が、すでに出来上がっている古い編目に通って、新しい編目（ループ）を作ります。編針の種類には、べら針、ひげ針、複合針、両頭針などがあります。これらの針のうちで、べら針は糸が供給されて針が動けば編み立てができますが、ひげ針はプレッサーなどの助けを借りないと編み立てができません。べら針は、横編機、ほとんどの丸編機、ラッシェル編機などに使われ、ひげ針は、フルファッション編機、トリコット編機などに使われます。複合針はスライダーによってフックの開閉を行うもので、高速トリコット編機、ラッシェル編機などに使われています。そのほかに、パール編の編み立てに使われる両頭針があります。

●編成原理

　編針が上昇して糸が供給され、次に編針に糸を引っ掛けたまま針が下降して、前の編目をくぐり抜けて新しい編目が出来上がります。これが、たて編にもよこ編にも共通する編み立ての原理です。たて編とよこ編では編針や糸の供給方法が異なるので、編地も異なったものになります。

　図5-7-2は、べら針を使った編み立ての動きを示したものです。べら針では、編み立ては①②③④の順に行われます。図の中の**A**はすでに出来上がっている古い編目、**B**は新しく供給された糸、**L**はべらです。

　①は、針が上昇し始め、べらが糸によって開かれた状態です。

　②は、編針が最高位置に達して糸が供給され、すでに出来上がっている古い編目**A**がべらの下方に移った状態です。

　③は、編針が下降し、新しい編目**B**を作った状態です。

　④は、編針が糸をくわえたまま古い編目をくぐり抜けて、新しい編目が出来上がった状態です。

　これらの動作をくり返して編地が作られます。

●編成の3ポジション

　上で示した編針の動きによる編目の作り方は編む（ニット）ときの編目の作り方です。しかし、よこ編の変化組織を作るためには、タック、ウェルト（ミス）の編目の作り方も重要です。これらの作り方は、編み立てるときの針の位置によって異なっています（図5-7-3）。

図5-7-1　編針の種類

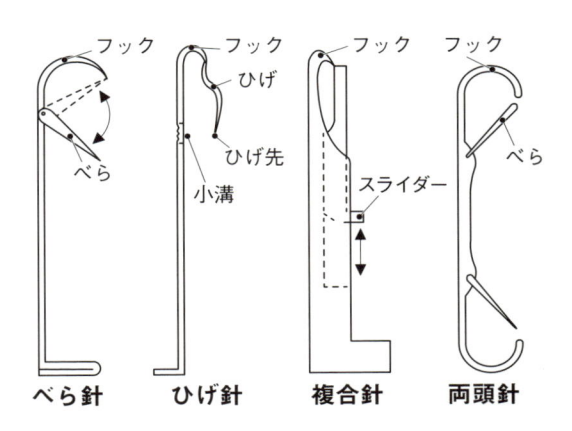

べら針　ひげ針　複合針　両頭針

図5-7-2　べら針の編目の作り方

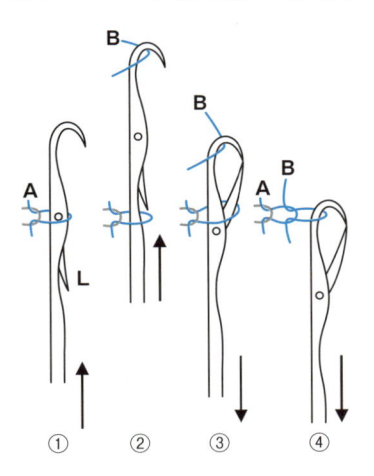

図5-7-3　ニット、タック、ウェルト（ミス）

	ニット	タック	ミス
編針の状態			
編構造			

5-8 編機

●よこ編機の分類

よこ編は編機によって横編と丸編に大別されます。編目を作る原理は針床（図5-8-1）を利用したもので、横編も丸編も同じです。

1）横編機

編機の中では最も基本的な編機です。構造は家庭用編機と同じですが、工業用の編機は、通常、2列の針床が逆V字状に置かれています。

横編機は、平らな針床に収められた編針を用いて平面状の編地を作るよこ編機の総称です。横編機は、編機の中では最も自動化が進んでおり、手動式から自動式へ、さらにコンピュータ制御で自由に柄出しができるジャカード式開口装置をもった機種もあります。主にセーター類を作るのに用いられています。横編機は往復しながら編み上げていくので、生産性が低く、流し編みよりも一着ずつ編むのが普通です。横編機の最大の特徴は、編目を増やしたり減らしたりして編み幅を増減させて、任意の形に成形できるということです。できたパーツを、リンキング機で編目をかがり合わせて製品にします。

2）丸編機

連続的な円運動で編み立てます。丸編機は、円筒形の針床や円盤形の針床を備え、編針を使って円筒形の編地を作るよこ編機の総称です。丸編機には、シリンダー（下釜）をもつもの、シリンダーとダイヤル（円盤上釜）の2つの釜をもつもの、ダブルシリンダーと呼ばれるシリンダーの上にもう1つのシリンダーを持つものなどがあります。丸編は、編目の連なりが編機の円運動によって作られるので、生地は円筒状に編まれます。編み立て運動が円運動なので、往復運動の横編機よりも高速で能率的です。さらに、円運動の回転の高速化だけでなく、円の直径を大きくしたり、一度に何本もの糸を供給して数多くの編目を一度に作るなどの改良が進んでいます。丸編製品は、横編機よりも低コストです。

①**ひげ針機**　ひげ針を使っている編機には、フルファッション編機（コットン式編機）や吊編機などがあります。フルファッション編機は、昔は肌着用の編機やストッキング編機もありましたが、最近はほとんどがセーター編機です。編み立て部が1着分だけの単頭式から20着を同時に編める多頭式のものまであります。平形の成形編機ですが、編組織は平編が中心です。

②**吊編機**　裏毛シャツやベロア用の編機として使われますが、給糸は通常2本で非能率的であり、調整に熟練が必要なので、設備台数は減っています。

その他、靴下編機も丸編機に属します。

図 5-8-1　針床の分類

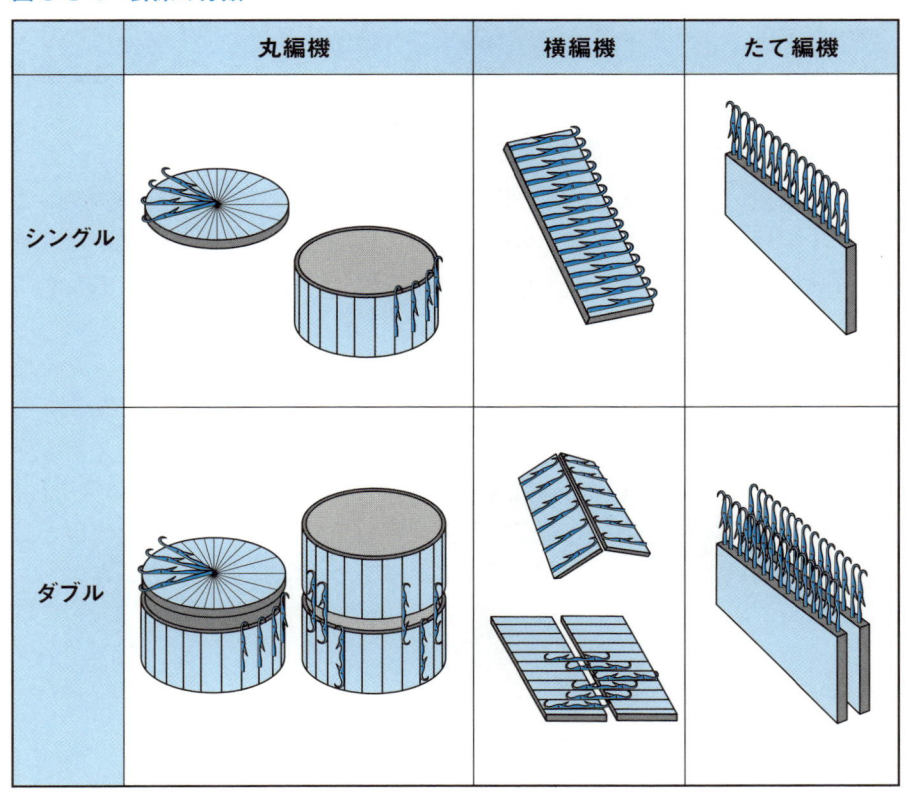

	丸編機	横編機	たて編機
シングル			
ダブル			

●たて編機の分類

　たて編機（図5-8-2）にはトリコット編機とラッシェル編機がありますが、2つの編機の編み立ての仕組みは同じです。筬に固定された導糸針（ガイド）に通した糸を編針に巻きつけて編み立てていきます。必要なたて糸の本数だけ整経しなければならないので手間がかかります。
　たて編機には、このほかにミラニーズ編機がありますが、ミラニーズ編機は現在ほとんど使われていません。

1）トリコット編機

　針床が1列で筬枚数は2〜4枚のものが多いです。ゲージは細かく、薄地で柔らかい編地なので、ランジェリーや水着などによく用いられます。

2）ラッシェル編機

　筬の枚数はトリコット機より多く、ゲージはトリコット機よりも粗いです。編地は地厚なものが多く、カーテンなどのインテリアに多く用いられます。

●編機のゲージと適合番手

　工業用編機ゲージとは、ある一定の間隔に植えられている編針の密度のことです。編機の種類によって、ゲージを示す単位長さが異なりますが、一般的に片側針床の1インチ（2.54cm）間の針本数（針本数／インチ）で表すことが多いです。ただし、例外も非常に多いので注意が必要です。

　編機のゲージは「G」という文字で表します。ゲージは、横編機、丸編機では1インチ間の片側針床の針本数、フルファッション編機では1.5インチ間の針本数で表します。吊編機ではゲージではなく、「間」という言葉を用いて編針の密度を表します。台丸編機、フライス編機および靴下編機では、ゲージではなく、シリンダーの直径と全針本数を列記してゲージの代用としています。編機のゲージと適合番手は編組織ごとにほぼ決まっています。

図 5-8-2　たて編機

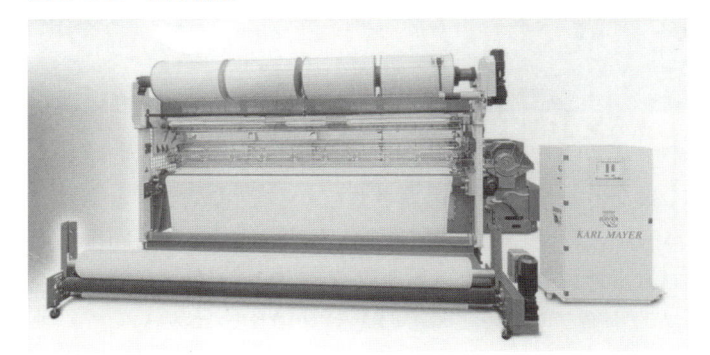

トリコット編機

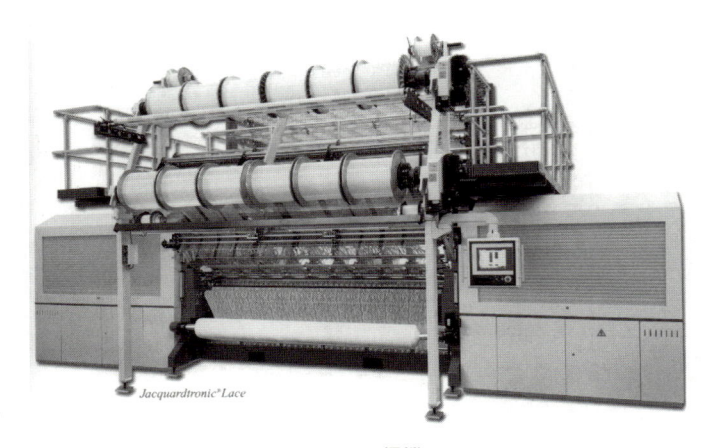

ラッシェル編機

（2点とも）写真提供：日本マイヤー㈱

5．編物

5-9 ニット製品の製造

　糸からニット製品ができるまでの工程は、どのような機械を使って編地を作るかによって大きく異なります。糸が用意されてから製品ができるまでのリードタイムをオーバーに表現すると、横編で1週間、丸編で3週間、たて編で2ヵ月近く必要であるといわれています。一般的なニット製品の生産工程とよこ編ニット製品の生産工程は表5-9-1のとおりです。ニット・ウェアの生産工程を図5-9-1に示します。

表5-9-1　一般的なニット製品の生産工程と横編ニット製品の生産工程

	流し編	成形・インテグラルニット	無縫製ニット
生産工程	前身頃を長方形に編む	前身頃、衿、ポケットなどの付属品を型紙どおりに一体化して編む	前身頃・後身頃・袖・衿やポケットなどの付属品も一体化して編機上で完成品を編む
	後身頃を長方形に編む	後身頃を型紙どおりに編む	
	袖を長方形に編む	袖を型紙どおりに編む	
	衿を編む		
	大まかな形に裁断		
	縁をかがる		
	仮セット	仮セット	
	型紙どおりに裁断		
	ほつれないようにパーツの縁をかがる		
	パーツを縫い合わせる	パーツを縫い合わせる	
	衿と本体をかがり合わせる	衿後部のみ本体とかがり合わせる	
	セット	セット	セット
	織ネーム付け	織ネーム付け	織ネーム付け
	仕上げ	仕上げ	仕上げ

図 5-9-1　ニット・ウェアの生産工程

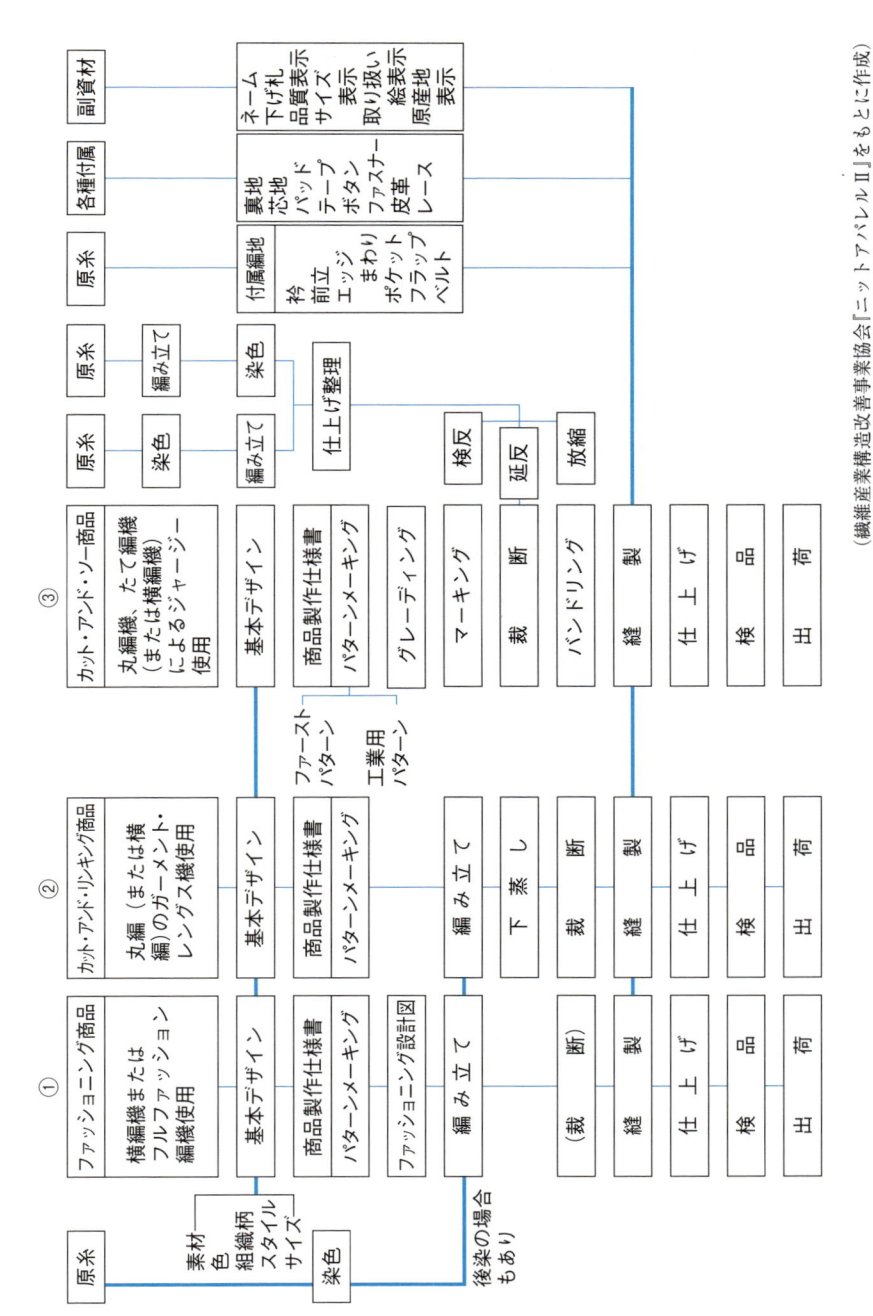

	① ファッショニング商品	② カット・アンド・リンキング商品	③ カット・アンド・ソー商品
	横編機またはフルファッション編機使用	丸編（または横編）のガーメントレングス機使用	カット・アンド・ソー丸編機、たて横編機（または横編機）によるジャージー使用
	基本デザイン	基本デザイン	基本デザイン
	商品製作仕様書	商品製作仕様書	商品製作仕様書
	パターンメーキング	パターンメーキング	パターンメーキング
	ファッショニング設計図		グレーディング
			マーキング

原糸 → 素材／色／組織柄／スタイル／サイズ → 染色 → （後染の場合もあり）

①工程：編み立て →（裁断）→ 縫製 → 仕上げ → 検品 → 出荷

②工程：編み立て → 下蒸し → 裁断 → 縫製 → 仕上げ → 検品 → 出荷

③工程：裁断 → バンドリング → 縫製 → 仕上げ → 検品 → 出荷
（検反・延反・放縮 → 仕上げ整理）

ファースト パターン／工業用パターン

付属編地用：原糸 → 編み立て → 染色
裏地・芯地・パッド・テープ・ボタン・ファスナー・皮革・レース（各種付属）
衿・前立・エッジ・まわり・ポケット・フラップ・ベルト（付属編地）
ネーム・下げ札・品質表示・サイズ・取り扱い表示・絵表示・原産地表示（副資材）

（繊維産業構造改善事業協会「ニットアパレルⅡ」をもとに作成）

5・編物

❗ メリヤスを漢字で書くと？

　「メリヤス」という言葉は最近ほとんど聞かれなくなりましたが、いうまでもなく外来語で、今でいう靴下のことでした。日本では当初、「手編み」から始まったようで、日本に滞在していた異国人が自分用として、女性の召使いに編ませていたのが始まりのようです。その後、急速に広まって、製品の種類も足袋（靴下）から手袋、刀の柄袋、襦袢などに拡大していきました。そのせいか、「めりやす」の標記には、「メリヤス」「めりやす」のほか、「女利安」「女利夜須」「女利彌寿」など女という字が多く用いられていました。

　明治以降になると、「莫大小」と書いて「メリヤス」と読ませるようになりました。『舶来事物のネーミング』（富田仁）によりますと、明治の貴族・三条実美が「第１回内国勧業博覧会」で機械編のメリヤス製品を見て感激し、「今後は莫大小と書くことにしよう」と言ったからだといわれています。

　「莫大小」とは、「メリヤス」が伸縮性に富み、製品のサイズを厳密にしなくてもよいので、「莫＝ぼやけている」つまり大小がないという意味です。

第6章

布地の性質

「布地の性質」と一言でいっても、その観点は多種多様です。
さまざまな見方を知ることで、
布地の性質について理解を深めましょう。

6-1 機械的性質

●布地に求められる強さ

　繊維製品は縫製工程や製品としての消費過程で、引張（ひっぱり）、曲げ、圧縮、摩耗、ねじりなど、さまざまな外力を受けます。そのため繊維製品には、これらの外力に耐えられる強さが必要になります。衣服では引張強さ、引裂強さ、破裂強さ、摩耗強さが重要です。

●引張強さ

　生地を引張り、破れるまでの強さであり、繊維自体の強さ、糸の太さ、よりの状態、布の構造に影響されます（図6-1-1）。また、湿潤時、綿や麻は乾燥時よりも強さが増しますが、毛、絹、レーヨンなどは強さが低下します。水との親和性が低い合成繊維は、湿潤による強度低下がほとんどありません。

●引裂強さ

　紙を引裂く要領で生地に外力を加えたときの、破れるまでの強さです。引張強さでは同時に多数の糸を切断するのに対し、引裂強さでは切断部分の糸が順次、切断されていきます（図6-1-2）。

　引裂強さは、切断部分の糸の動きやすさに左右されるため、引張強さと必ずしも対応するとは限りません。ガーゼのように密度が粗い素材は、切断部で糸がずれ複数の糸が同時に抵抗するため引裂強さが大きく、高密度で伸びの小さい硬い織物は、引裂強さが小さくなります。

●破裂強さ

　引張強さや引裂強さは一定方向に力が加わったときの強さであり、織物によく用いられます。しかし、編物の場合は一方向のみに力が加わると大きく変形し、評価が困難な場合があります。そのため編物では、生地の裏側から全方向に圧力を均一に加え、破れるまでの破裂強さが用いられます（図6-1-

3)。

　破裂強さでは、伸びの小さい糸や弱い糸に力が集中して破れるため、構成糸の強度のほか、伸びの大小が重要な因子となります。

●摩耗強さ

　生地の摩耗強さは、繊維の摩擦性能や、組織、糸構成要素によって変わります。糸が太くて厚さがある生地、組織が密な生地、表面の摩擦係数が小さい生地は耐摩耗性が高く、甘撚りの糸を使用した生地などは耐摩耗性が低くなります。

図 6-1-1　各種織物の荷重・伸長曲線

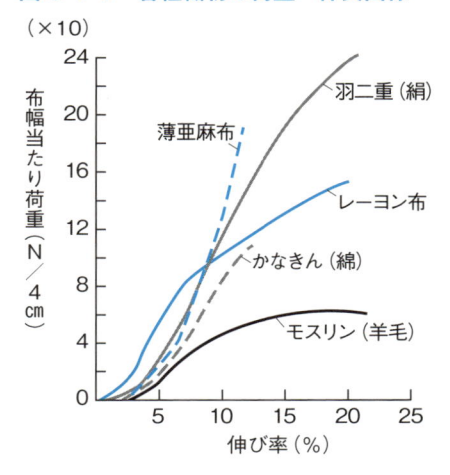

図 6-1-2　織物の引裂

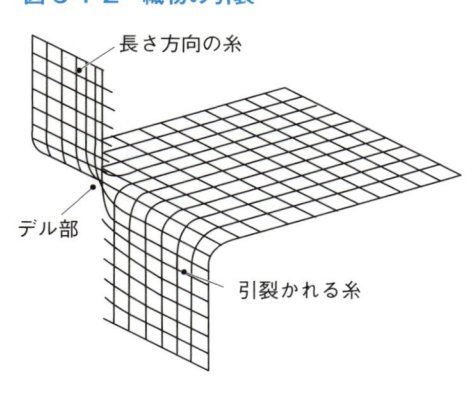

図 6-1-3　破裂強さ（ミューレン法：ゴム膜が生地を突き破るときの強さを測定）

測定前

測定後
（ゴム膜が生地を突き破っている）

6-2 外観特性

●布地に発生する外観の変化

着用時や洗濯時に外的作用が加わることで、生地の外観には変化が生じます。生地の外観に影響をおよぼす現象には、しわ、ピリング、スナッグなどがあります。

●しわ

しわは、生地の表面に出来た不必要な折り目や凸凹です。生地に外力が加わり変形したあと、完全に回復できない場合、しわとなります。織物の場合、交錯点が少ない組織ほど、変形しても糸が動きやすく、糸の間の摩擦も少ないため、しわになりにくくなります。また、編物は糸のループの連続でできていて、糸が移動しやすいため、織物に比べるとしわになりません。

●ピリング

着用中や洗濯中に生地表面が摩擦され、生地表面が毛羽立ち、毛羽が絡み合い、小さな毛玉(ピル)ができることをピリングといいます(図6-2-1)。特に、繊維中にポリエステルやナイロンなどの合成繊維が含まれていると、繊維が強く切れにくいため、毛玉が発生しやすくなります(図6-2-2)。

●スナッグ

着用中など、生地表面に突起物などを引掛けることで生地糸が飛び出し、ループ状やピル状になったり、引きつれなどを起こす現象をスナッグといいます。一般的に糸の滑りやすいフィラメント糸使いの生地や、糸の浮きが多い生地、凹凸のある生地、密度の粗い生地などに発生しやすい現象です。スナッグの試験には、鉄球についた突起物で生地糸をひっかけるメース法や、ざらついた面で生地糸をひっかけるダメージ棒法などがあります(図6-2-3)。

図 6-2-1　毛玉（ピル）の出来た生地と発生過程

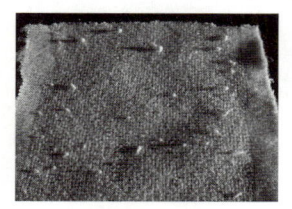

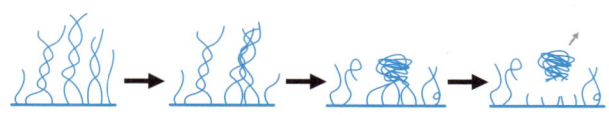

毛玉の出来た生地

1. 毛羽立ち　2. ピルの発生　3. ピルの形成　4. ピルの脱落

図 6-2-2　各種繊維のピルの生成曲線

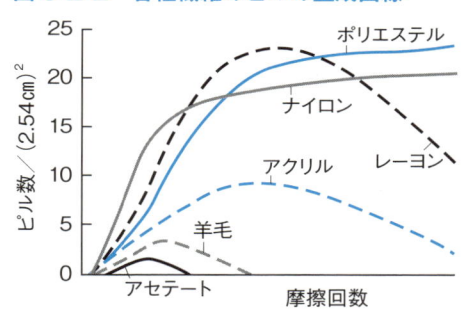

縦軸：ピル数／$(2.54cm)^2$
横軸：摩擦回数

ポリエステル、ナイロン、アクリル、レーヨン、羊毛、アセテート

図 6-2-3　スナッグ試験

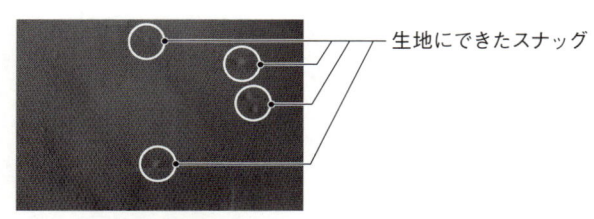

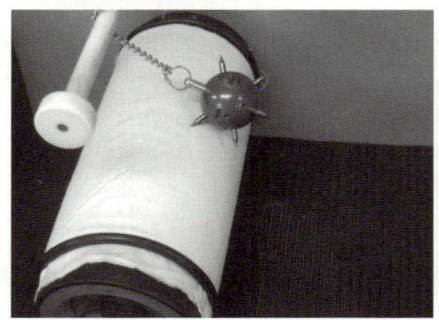

生地にできたスナッグ

メース法
（突起物で生地糸を引掛ける）

ダメージ棒法
（ざらざらした面による引掛け）

6・布地の性質

6-3 寸法安定性

●寸法安定性を阻む布地の収縮

布地が縮む要因には、製品の組織、製造または製造工程中のひずみ、水による膨潤、熱による影響などがあります。

●膨潤収縮と緩和収縮

綿やレーヨンなどのセルロース素材の収縮には、主に、水分を吸って膨潤する膨潤収縮と、潜在的なひずみの緩和による緩和収縮とがあります。

1) 膨潤収縮（図6-3-1）

綿繊維などは、吸水し膨潤すると糸の直径が太くなりますが、長さ方向はほとんど変化しません。そのため織り縮みが大きくなり、糸間が縮まることで布地の縮みが起こります。これを膨潤収縮といいます。

2) 緩和収縮

紡績、織り編み、染色や仕上げの工程中、生地は常に強い力で引張られた状態にあり、ひずみが潜在的に存在します。ひずみをもった生地が無緊張の状態で吸湿や吸水すると、元のリラックスした状態に戻ろうとします。これを緩和収縮といいます。特に生産工程では、たて方向に強く力がかかるため、縮みもたて方向に生じやすくなります。

●熱収縮

一般に合成繊維は熱に対して敏感であり、熱の影響によって収縮現象を起こします。ポリエステルなどの熱可塑性合成繊維からなる生地の場合、仕上げ時にヒートセットすることで寸法安定性を高めていますが、セット温度よりも高い加熱をうけると収縮を起こします。例えば、高温でアイロンやプレス機を用いた際に熱収縮が問題となることがあります。影響はステープルよりフィラメントに大きく出ます。

●フェルト化収縮

　羊毛は、スケールと呼ばれる鱗状の表皮で覆われています。濡れるとこのスケールが開き、この状態で摩擦やもみ作用が加わると繊維が互いに絡み合い、離れなくなります（図6-3-2）。この羊毛特有の現象を『フェルト化』といい、ウールのセーターを洗濯機で洗うと縮んでかたくなるのは、このためです。また、羊毛は吸湿性が高く、水分を吸湿することで伸び、放湿することで縮む可逆的現象（ハイグラルエキスパンション）を起こします。

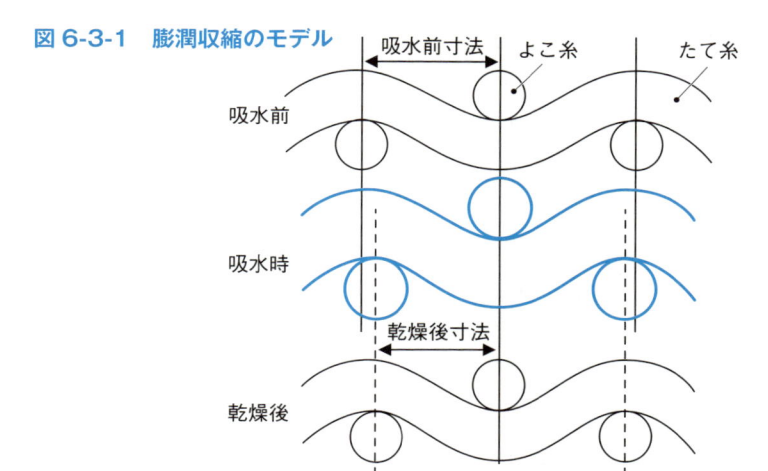

図 6-3-1　膨潤収縮のモデル

吸水前寸法　よこ糸　たて糸
吸水前
吸水時
乾燥後寸法
乾燥後

図 6-3-2　フェルト化収縮

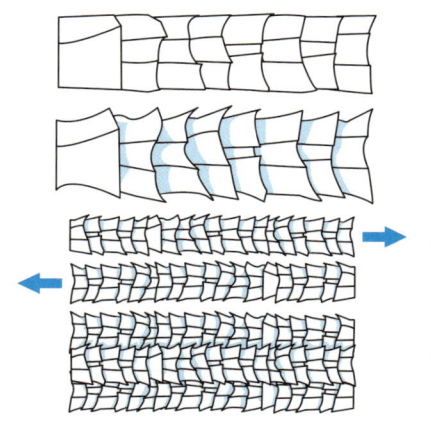

① 乾燥状態
　スケールが閉じていてからみにくい

② 水に濡れた状態
　水分を発散させようとしてスケールが開く

③ 開いたスケールどうしが、
　摩擦やもみ作用によって絡み合う

④ 一度絡み合ってしまうと元の状態に戻りにくく、
　徐々に目を詰まらせて収縮する

6-4 衛生機能的特性

●布地の衛生機能的特性

　生地の衛生機能的特性には、水分、熱、空気の移動などに関する性質があります。これらの性質には繊維そのものの性質に加え、糸や生地の構造が影響します。

●水分に関する性質

　気体の水分（水蒸気）に関する吸湿性や透湿性などの性質と、液体の水に関する吸水性や防水性などの性質があります。

　吸湿性（図6-4-1）とは、気体の汗などをよく吸収する性質で、繊維そのものの性質によります。綿、羊毛、レーヨンなどは吸湿性が大きく、ポリエステルやナイロンなど合成繊維の吸湿性は小さいです（図6-4-2）。

　吸水性（図6-4-1）とは、液体の水や汗などを吸収する性質で、繊維の毛細管現象が大きく影響します。

　透湿性とは、生地がどれだけ水蒸気を通しやすいかの性能のことをいいます。レインウェアなどの製品では、外部からの水を通さない防水性と同時に、肌から出る湿気を外に逃がす透湿性を持たせることが着用時の快適性につながります。

●熱に関する性質

　熱に関する性質には保温性と瞬間的な熱移動があります。

　保温性で最も重要なことは、熱を逃がさないためにできるだけ熱伝導（熱を伝える性質）を防ぐことです。繊維に比べ、空気は熱伝導率が小さいため、空気をたくさん含んだ衣料品ほど、熱を逃がさず暖かいといえます（表6-4-1）。ウールのセーターが暖かいのは、かさが高く空気をたくさん含んでいるからです。

　また、冬場などは、生地を触ったときに冷たく感じることがありますが、

これは、肌から生地へ瞬間的に熱移動が起こっているからです。生地の上に温度センサーを置いた瞬間の熱移動量（Qmax）を測定することで評価することができます。

●空気に関する性質

空気に関する性質には、含気性と通気性があります。含気率は布に含む空気の割合であり、特に保温性と関係があります。起毛した生地は含気率が高くなり、保温効果が増すため冬用の衣料品に利用されます。通気性は布地の空隙を通しての空気の移動性のことです。

図 6-4-1　吸水性と吸湿性

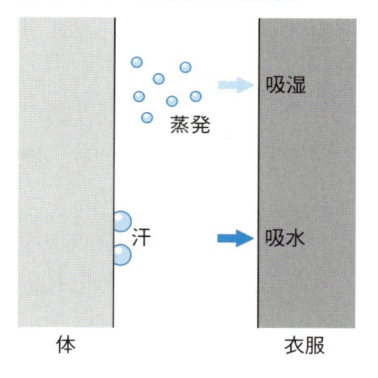

図 6-4-2　標準状態における繊維の水分率

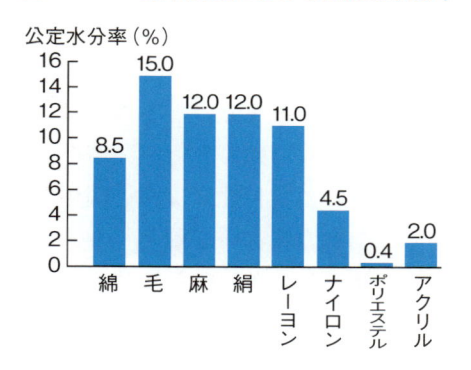

公定水分率（％）

繊維	公定水分率（%）
綿	8.5
毛	15.0
麻	12.0
絹	12.0
レーヨン	11.0
ナイロン	4.5
ポリエステル	0.4
アクリル	2.0

表 6-4-1　主要繊維の熱伝導度

	相対伝導度（空気＝1）
空気	1
羊毛	9
ナイロン	10
レーヨン	11
綿	27

6-5 風合い特性

●布地に要求される風合い

　風合いとは、布に触れたときの手触りや肌触りのことで、品質を判断するときの1つの価値基準です。布の風合いをあらわすときには「こし」「ぬめり」「ふくらみ」「しゃり」「はり」などの言葉がよく使われます。例えば「しゃり」とは、粗くて硬い繊維や強撚の糸から生れるシャリシャリとした手触りのことを指します。

　しかし、これはあくまでも手の感覚に頼った官能評価であるため、だれもが同じように判別できる絶対的な指標ではありません。

　人が風合いを見分けるときには、「なでる」「引張る」「折り曲げる」「指で押す」といった動作を行い、布を手で変形させて判断していることから、風合いと布の力学特性には深い関係があると考えられます。

　そこで布の風合い評価として、ごくわずかな力を加えたときの生地の物理特性を測定し、布に触れた時の手ざわりや肌ざわりを表す官能特性とを対応づける方法が一般的に用いられています。その方法のひとつがKES風合いシステム（Kawabata Evaluation System）です。

　KES風合いシステムには、引張・せん断、曲げ、圧縮、表面の4種類の試験機があります。これらの試験機を用いて布の風合いに関する力学量を測定し、その測定で得られた数値（引張、せん断、曲げ、圧縮、表面、厚さ、重さに関する計16の物理特性値）を風合い評価式にあてはめることにより、衣料用生地としての風合い値や、仕立て映え評価値を算出して、生地を評価しています。この風合い評価式は、紳士冬用スーツ地（こし、ふくらみ、ぬめり）、紳士夏用スーツ地（こし、はり、シャリ、ふくらみ）のほかに、婦人冬用スーツ地、婦人夏用スーツ地、婦人用薄地織物、ニットウェアなどについて設定されています（表6-5-1）。

　布に要求される風合いは商品や用途によって変わる上、消費生活の変化に伴う消費者ニーズの変化によっても変わっていきます。

表 6-5-1　KES の測定項目

特性	測定項目	測定値	内容
引張	LT	引張の特性の線形性	大きいほど伸びにくい
	WT	引張仕事量	大きいほど伸びが大きい
	RT	引張レジリエンス	大きいほど引張りの回復がよい
せん断	G	せん断剛性	大きいほどせん断変形しにくい
	2HG	せん断0.5°におけるヒステリシス	大きいほどせん断回復がわるい
	2HG5	せん断5°におけるヒステリシス	大きいほどせん断回復がわるい
曲げ	B	曲げ剛性	大きいほど曲げにくい
	2HB	曲げヒステリシス	大きいほど曲げ回復がわるい
圧縮	LC	圧縮特性の線形性	大きいほど圧縮しにくい
	WC	圧縮仕事量	大きいほど圧縮しやすい
	RC	圧縮レジリエンス	大きいほど圧縮の回復性がよい
表面	MIU	摩擦係数	大きいほど滑りにくい
	MMD	摩擦係数の変動	大きいほど摩擦係数にバラツキがある
	SMD	表面の粗さの変動	大きいほど凹凸が大きい
形態	T	厚さ	—
	W	単位面積当たり重量	—

6・布地の性質

⚠️ 斜行（脇線のねじれ）

　夏によく着るTシャツですが、洗濯をすると脇線がねじれたという経験をしたことはありませんか？

　洗濯などによって脇線がねじれる現象を"斜行（しゃこう）"と言います。洗濯によって斜行が発生する素材には、単糸使いの天竺編みや厚地の綾織物（特にデニム）があります。

　単糸使いの天竺編みは糸に一定方向の回転力が働いているため、水分を吸収し繊維が膨潤すると、より方向と逆方向に力（トルク）が働き、ねじれを生じることになります。ニットの場合、強撚糸使いや仕上げ加工時に適切なセットがされておらず撚りトルクが残留している場合、丸編みで給糸数が多い編地で斜行を無理に矯正した場合などは、洗濯後に斜行が起こりやすくなります。

　一般に生地の斜行を改善する方法としては、次のような方法があります。
・上下撚バランスのとれた双糸を使用する
・合繊の熱セット性を利用したトルクの少ない糸を使用する
・糸の撚セット、シルケット加工などでトルクの安定性を良くする
・S撚、Z撚の糸を適切に使用する
・加工時の地の目通しを良くする
・スムース、フライス、テレコなど両面編みを利用する
・無理な修正を施さない

　今度、洗濯したTシャツが斜行するようなことがあれば、斜行の原因について考えてみるのもおもしろいかもしれません。

第 7 章

染色仕上げ加工

布地の色、風合い、機能、これらを左右する染色仕上げ加工は、
繊維を製品とする際、大変重要な工程です。
それぞれの長所と短所を把握し、
製品の特徴を把握しましょう。

7-1 染色仕上げ加工とは

●繊維における着色の意義

　一般に衣料用に使用される繊維製品の多くは着色されていますが、この着色操作を通常「染色」と呼んでいます。また、繊維素材は着色だけではなく、種々の機能性を付与するために各種の加工が施されます。これを「仕上げ加工」といいます。2つの加工工程を合わせて、「染色仕上げ加工（図7-1-1）」と呼んでいます。略して「染色加工」ともいいます。

　衣服の機能には、「実用的機能」と「情報的機能」という概念があります。実用的機能とは、使用する時に備えているべき本来の機能であり、寒暖などの外界の刺激から身を守る機能です。一方の情報的機能は、美しい、楽しい、より使いやすいといった視覚、嗅覚、触覚などに訴えた、付加価値を高める機能です。これらの機能を達成するために、衣料品を染色加工します。近年、衣料用染色加工の目的は後者に重点がおかれています。

●繊維製品の加工の流れと染色の位置

　染色は、繊維製造過程の中のさまざまな段階で行われます。図7-1-2は、それぞれの段階に合わせた染色方法を示しています。

　繊維が綿や糸の状態で染色されることを「先染め」、布になってから染色されることを「後染め」と呼んでいます。先染めでは各種の色糸を組み合わせて製品にするため、多様な製品を作ることができます。代表的な先染め製品例を図7-1-3に示します。代表的な捺染図柄（図7-3-1）と比較してみて下さい。

●仕上げ加工の意義

　通常の反物は染色後、仕上げ加工を施し、商品価値を高めてから出荷されます。仕上げ加工とは、繊維素材の持つ機能や特性を充分に発揮できる状態にすることをいい、例えば、柔軟性の付与や硬仕上げなどの風合い加工、光

沢の付与や起毛処理などの表面仕上げ加工、寸法安定化への防縮加工などがこれに相当します。

　上記の通常の価値を高めるための加工を「一般仕上げ加工」といいますが、この他に、新たな付加価値を付与するための「機能加工」があります。特殊外観の付与、特殊機能として快適性の付与、さらに安全性、衛生性などの機能付与がこれに相当します。多くの場合、「一般仕上げ加工」と「機能加工」を合わせて「仕上げ加工」と呼んでいますが、区別している場合もあります。

図7-1-1　染色仕上げ加工の工程

繊維素材 → 準備処理 → 染色 → 仕上げ加工 → 繊維製品

図7-1-2　繊維製造過程における染色

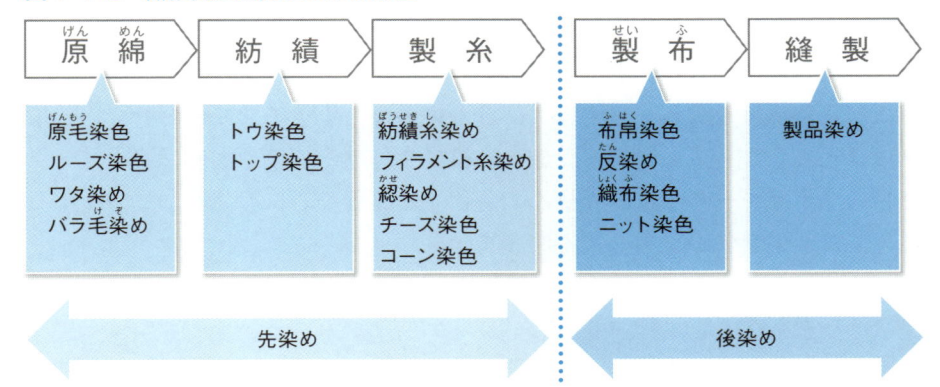

原綿 → 紡績 → 製糸 ／ 製布 → 縫製

- 原綿：原毛染色、ルーズ染色、ワタ染め、バラ毛染め
- 紡績：トウ染色、トップ染色
- 製糸：紡績糸染め、フィラメント糸染め、綛染め、チーズ染色、コーン染色
- 製布：布帛染色、反染め、織布染色、ニット染色
- 縫製：製品染め

先染め ← → ／ ← → 後染め

図7-1-3　代表的先染め製品の例

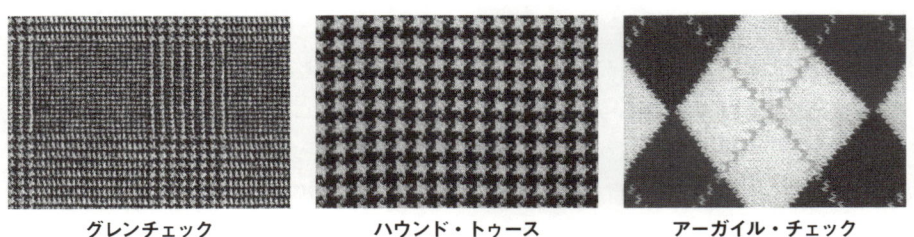

グレンチェック　　ハウンド・トゥース　　アーガイル・チェック

7・染色仕上げ加工

7-2 着色剤

●染料と顔料

　繊維の着色に使われる着色剤としては、染料と顔料があります（図7-2-1）。染料は水や溶剤に溶けるか分散し、繊維に親和性があるものと定義されます。古くからの、動物や植物由来の天然色素は水に溶けるので、染料に分類されています。

　一方、顔料は水や溶剤に溶けず、繊維に親和性がないものをさします。その中には無機系の鉱物や貝殻などがあり、細かく砕いて使用していました。顔料は繊維に親和性がないのでバインダーと呼ばれる高粘度のポリマー（ある種の接着剤）で、繊維へ固定しています。しかし最近では、ナノテクノロジーを応用して顔料粒子を細かく粉砕することにより、顔料を用いて染料使いに近い効果を得る技術も検討されています。

　衣料用の繊維を着色するのは大部分が染料で、染色工業で使われている染料はほとんどが合成染料です。顔料は模様を付ける捺染や塗料、絵具、インク、さらにはポリマーの中に練り込んで着色する原着染めにも使われています。以下では、染料使いを中心に説明します。

●染料の種類

　染料は対象繊維によって、それぞれ適した染料種族があります。同じ種族の中でも使いやすいもの、発色性のよいもの、堅牢性のよいもの、均一染色しやすいものなど差があります。代表的な染料種族と対象繊維、および、染料特性を表7-2-1にまとめました。染料と繊維の結合形式は次項で説明します。

　綿・セルロース用染料には各種ありますが、時代と共に変わり、最近では反応染料が一般用、直接染料が主として再生セルロース用、建染（バット）染料が高堅牢用、と住み分けが進んでいます。硫化染料は使いにくさと堅牢度不足、ナフトール染料は染色工程の煩雑さや使用薬剤の安全性の問題から、徐々に市場から退場し、反応染料が主流となってきています。

図 7-2-1　着色剤の分類

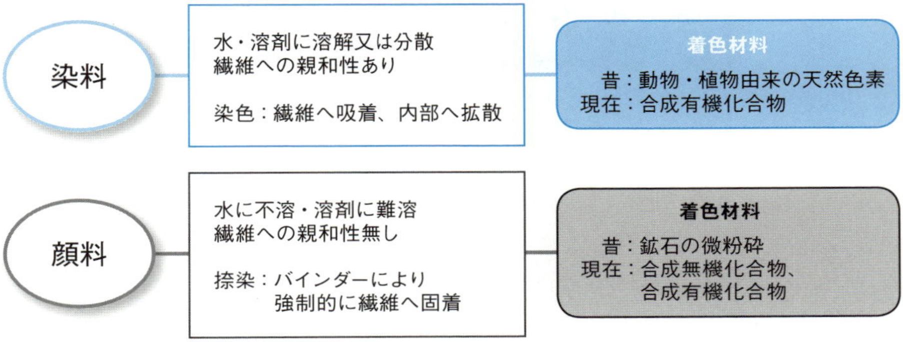

- **染料**
  - 水・溶剤に溶解又は分散
  - 繊維への親和性あり
  - 染色：繊維へ吸着、内部へ拡散
  - **着色材料**
    - 昔：動物・植物由来の天然色素
    - 現在：合成有機化合物

- **顔料**
  - 水に不溶・溶剤に難溶
  - 繊維への親和性無し
  - 捺染：バインダーにより強制的に繊維へ固着
  - **着色材料**
    - 昔：鉱石の微粉砕
    - 現在：合成無機化合物、合成有機化合物

表 7-2-1　繊維と適用染料およびその特性

繊　維	染　料	染　色
綿 麻 レーヨン	直接染料	平面構造の水溶性アニオン染料、中性塩の存在で繊維に吸収される
	建染（バット）染料	アルカリと還元剤で可溶化し、染着後に酸化発色し不溶化する
	硫化染料	硫化ナトリウムで還元・可溶化し、染着後に酸化して不溶化する
	ナフトール染料	下漬剤で前処理のあと、繊維内で顕色剤と発色、固着する
	反応染料	反応基を有する水溶性アニオン染料で繊維と共有結合反応する
羊毛 絹 ナイロン	酸性染料	水溶性のアニオン基を有する染料で繊維のカチオン基とイオン結合する。堅牢性により一般型、レベリング型、ミリング型に分類される
	酸性媒染染料	酸性染料と同属で染色のあとクロムイオンと配位結合させ発色する
	金属錯塩染料	染料構造にクロムなどの金属原子を有したアニオン系酸性染料
	反応染料	羊毛用の反応性染料、種類が少なく使用が限られる
ポリエステル アセテート	分散染料	色素母体は水に不溶だが、分散剤で分散させ、高温で繊維内に拡散吸着させる。堅牢性、染色性によりE型、SE型、FS型と分類される
アクリル CD-PES*	カチオン染料	カチオン基を有する水溶性染料で、繊維内のアニオン性基とイオン結合する ＊ CD-PES：カチオン染料可染型ポリエステル

7・染色仕上げ加工

7-3 着色方法

●浸染と捺染

　染料と補助薬剤（通称「助剤」）を溶解した染色浴槽（略称「染浴」）の中へ糸や布をつけて、撹拌しながら均一に着色する方法を「浸染」といいます。

　一方、布に模様を付ける着色方法を「捺染」といいます。布に模様を作る方法では、色材で手描きする方法が最も単純ですが、大量加工の際にはスタンプ方式やスクリーン方式、印刷方式など各種の方式があります（7-6節参照）。図7-3-1は代表的な捺染のデザイン例です。先染め製品の図柄 図7-1-3と比較してみて下さい。

　浸染と捺染を合わせて「染色」といいますが、浸染のことを時として「染色」といいますので混乱します。

●染着機構（染料と繊維の結合）

　繊維構造を拡大してみると、繊維は緻密な結晶部分と粗雑な非結晶部分とから成り立っています（図7-3-2）。

　染料が繊維に近づくと、その表面へ吸着され、ついで繊維の間隙（非結晶領域）に入り染着します。繊維の種類はたくさんあり、染料の種属もたくさんあります。結びつきの過程は以下のとおりですが、これを結婚に例える人もいます。

①繊維と染料の相容性（相性）
②繊維分子と染着座席（互いに引き合う力）と吸着（お見合い）
③繊維と染料の結合・染色（結婚に至る）
④染色後の堅牢度（結婚後の夫婦仲）

　結び付き方には「ファンデルワールス結合」、「水素結合」、「イオン結合」、「配位結合」、「共有結合」と呼ばれる各種の結合形式があります（表7-3-1）。適応する繊維と染料の組み合わせ、および、結合形式を表7-3-2に示します。

図 7-3-1　代表的捺染図柄の例

トロピカル・パターン　アールデコ・パターン　フィギュラティブ・パターン

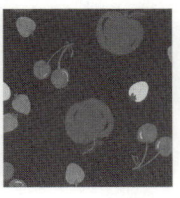

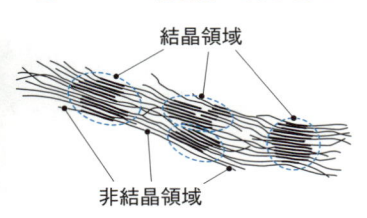

図 7-3-2　綿繊維の繊維構造

結晶領域
非結晶領域

表 7-3-1　繊維－染料間の結合形式の概略

結合の強さ	結合形式名	結合の概略
弱 ↑ ↓ 強	ファンデルワールス結合	繊維分子、染料分子間の引き合う力による結合
	水素結合	繊維中の水素原子と染料分子内の水素原子の電子間吸引力による結合
	イオン結合	繊維分子内のイオンと染料分子内のイオンとの陰陽イオン間の引き合う力による結合
	配位結合	染料と配位結合を起こす金属を介した結合
	共有結合	繊維分子内の反応可能な基（－OH）と染料分子内の反応基が化学反応を起こした結合

表 7-3-2　各種繊維と染料の組み合わせ表

繊維 ＼ 染料種族	直接染料	反応染料	建染（バット）染料	硫化染料	酸性染料	含金属酸性染料	塩基性染料カチオン染料	分散染料
綿	◎	◎	◎	△				
絹	△	○			◎	◎		
羊毛		○			◎	◎		
レーヨン	◎	○	○	△				
アセテート								◎
ナイロン		△			◎	◎		○
ポリエステル							○（改質ポリエステル）	◎
アクリル							◎	△
繊維－染料の結合形式	水素ファンデルワールス	共有	水素ファンデルワールス	イオン	配位	イオン	イオン	水素ファンデルワールス

◎：通常の組み合わせ　○：適応可能　△：適応可能だが少ない

7-4 染色前の準備工程

●染色前準備工程の意義

　染色前の繊維には、さまざまな不純物や付着物が含まれています。これらは染色時に、くすみ、斑染め（不均染）、再現性不良などの原因となります。特に天然繊維には不純物が多く含まれています（合成繊維は比較的少ない）。これらを取り除き、均一に染色できるようにする前作業を準備工程といい、さまざまな工程があります。

1）毛焼き　織布、編布には毛羽が出ていることが多く、特に綿などの紡績布に多く出ています。毛羽が多いと染色物の表面が不鮮明となり、毛玉発生の原因となります。これを取り除く為、ガスバーナー（図7-4-1）や電熱器で焼き切ります。これにより繊維表面がなめらかになります。

2）糊抜き　布を織る際に織りやすくするための糊剤を付着させますが、この糊剤を取り除く作業です。糊剤が残存すると染色が妨害され、斑染めの原因となります。効率よく取り除くために酵素や酸化剤が使用されます。

3）精練　繊維中に残存する各種不純物や工程上の油剤を、界面活性剤（洗剤）とアルカリで処理して除去します。

4）漂白　繊維中に残存する色素分を分解除去し、繊維を無色の状態にする工程です。漂白には、亜塩素酸ソーダや過酸化水素などの酸化系漂白剤やハイドロサルファイトなどの還元系の漂白剤が使用されます。羊毛など、損傷を受けやすい繊維には還元系の弱い漂白剤が使用されます。

　糊抜き、精練、漂白はひとくくりの工程として扱われることもあります。これらの他に、綿、羊毛、合成繊維のそれぞれに特有の工程があります。

●綿、セルロース系繊維の準備工程

　一般に綿・セルロース繊維には、前述の工程に続き、必要に応じてシルケット加工が施されます。これは綿・セルロース系布の両端を引っ張りながら、高濃度の苛性ソーダ溶液中に通す加工で、繊維が膨潤（図7-4-2）し、

染料の吸収力が向上します。さらに、繊維表面にシルクライクの光沢が出て、強度の向上、形態安定性の向上が図れます。図7-4-3にシルケット加工工程機器のシステム例を示します。この工程は一般には布の状態で行われますが、糸の状態や染色後に行われる場合もあります。

図7-4-1　ガス毛焼き機の概略図

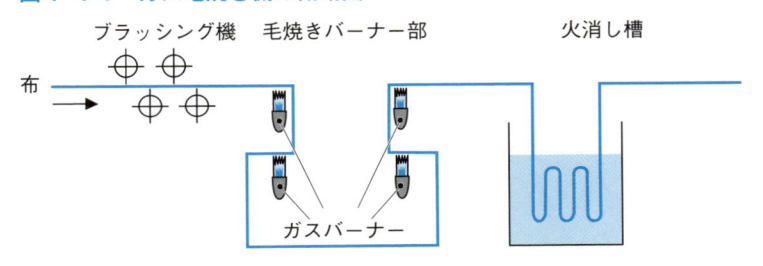

図7-4-2　綿繊維のシルケット加工時の膨潤過程の断面図

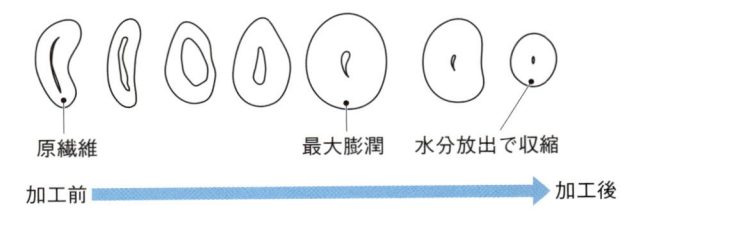

図7-4-3　シルケット加工機の概略図

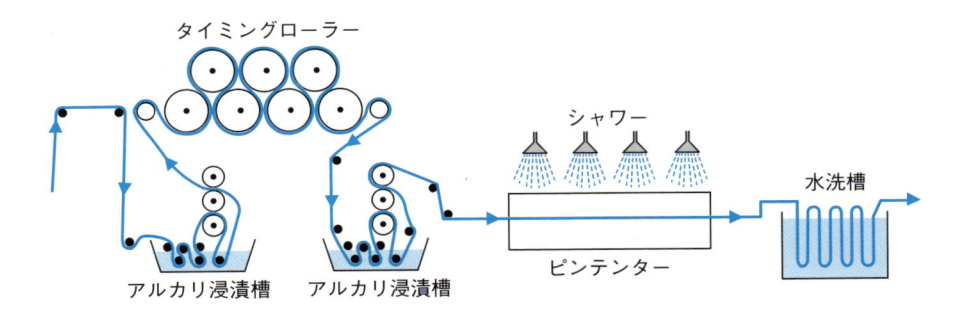

●合成繊維の準備工程

　合成繊維にはリラックス処理、アルカリ減量加工、ヒートセット処理などが行なわれます。

1）リラックス処理

　繊維の延伸・緊張を緩和させ、ふくらみを与えます。熱水の中で無張力状態にし、振動を与え、文字通り繊維をリラックスさせます。図 7-4-4 はリラックス処理機の一例で、図 7-4-5 はリラックスした様子を表しています。

2）アルカリ減量加工

　高濃度の苛性ソーダ溶液中でポリエステル繊維織物を処理して、繊維表面を加水分解・溶解・減量させます。これによりシルクライクの風合いが得られます（最初から 10 ～ 15% 細い繊維を作ってもこの感触は得られません）。

　図 7-4-6 は繊維が細り、ルーズになって、風合いが向上する様子です。

3）ヒートセット処理

　繊維織物の均一性、染色の安定性（均一性、再現性）を増すため、160 ～ 200℃の高温・張力状態で熱の中を通します。これにより織物が安定し、染色時のトラブル発生が減少します。

●羊毛繊維の準備工程

　羊毛繊維は繊維表面が鱗片（スケール）で覆われている（図 7-4-7）ため、他の繊維と処理法が若干異なります。

　羊毛生地の準備処理工程では、熱、圧力、蒸気を加えて、羊毛独特の風合いをだします。製品目的により各種の処理方法があります。

①洗絨（せんじゅう）　織物を洗剤で洗い、風合いを良くする
②煮絨（しゃじゅう）　織物をローラーに巻きつけて熱水で処理する
③縮絨（しゅくじゅう）　織物を湿らせ、揉みと叩きでフェルト化する
④蒸絨（じょうじゅう）　多孔シリンダーに織物を巻きつけ、蒸気を噴出した後、急冷する
⑤圧絨（あつじゅう）　織物に圧力を掛けて平らにする

　この様な各種の処理方法の後、処理された羊毛布は大きく分けて次の 2 つのタイプに仕上げられます。

1）クリアカット仕上げ

毛織物の表面毛羽（けば）を焼き取り、または剪毛して、織物組織の表面をはっきり出します。

2）ミルド仕上げ

表裏共に細かな毛羽を残す仕上げで、表面がふっくらと柔軟に、温かみのある風合いとなります。

図 7-4-4　リラックス処理機の一例

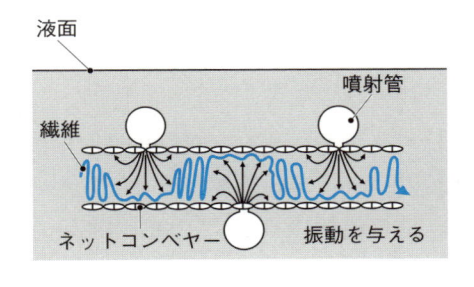

図 7-4-5　繊維の状態変化

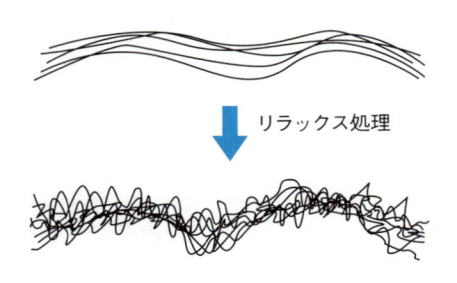

図 7-4-6　アルカリ減量加工

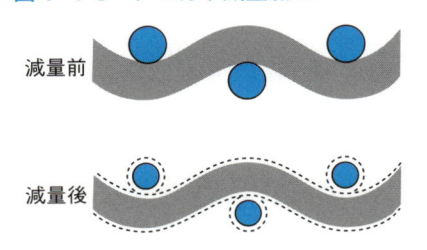

図 7-4-7　羊毛のスケール状況

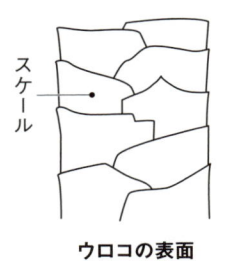

7-5 浸染

●浸染の工程

　一般に染色工場は、入庫された未処理の繊維（通称「生機(きばた)」）と各種染料・薬剤に、多量の水とエネルギーを使って染色します。未固着の染料や未利用の薬剤は、染色排水として排出されます。

●バッチ式吸尽染色

　綿繊維、羊毛繊維、合成繊維の大部分はバッチシステム（回分式処理）による、吸尽染色が行われています。1回の処理量が10kg程度の少量染色から、100kg、300kgの大量染色まであります。染色浴槽の液量も100L程度から10000L位まであります。

　染色の際には、まず、染色浴槽に染料、染色助剤を加え、pHを調整後、繊維を投入し、染色浴を撹拌しながら昇温します。染色時のpHや温度、昇温速度は濃色性、均染性、再現性維持のための大事な要因となります。対象繊維、使用染料ごとの最適染色温度、染色pHを表7-5-1に示します。

　さらに、均一に染色するため、染色される繊維形態によって工夫された染色機が使用されます。繊維、染色液の撹拌には主に以下の3つの方法があります。

　①繊維と染色液の両方を循環する方法
　②繊維を固定し、染色液だけを循環する方法
　③染色液を固定し、繊維を動かす方法

表 7-5-1　各種繊維素材—染料の染色条件（温度、pH、必用薬剤）

繊維素材	染料種族	最適染色条件		
		染色温度	pH	特殊助剤
綿 セルロース	直接染料	60〜95℃	5〜8	
	反応染料	40〜90℃	11〜13	
	建染（バット）染料	45〜80℃	11＜	ハイドロサルファイト
羊毛	酸性染料	100℃	3〜7	
	酸性媒染染料	100℃	3〜5	重クロム酸塩
絹	酸性染料	80〜100℃	4〜7	
ポリエステル	分散染料	120〜135℃	4〜7	
	分散染料	100℃	4〜7	キャリアー
ナイロン	酸性染料	100℃	3〜7	
アクリル	カチオン染料	100℃	4〜6	

図 7-5-1　パッケージ染色機

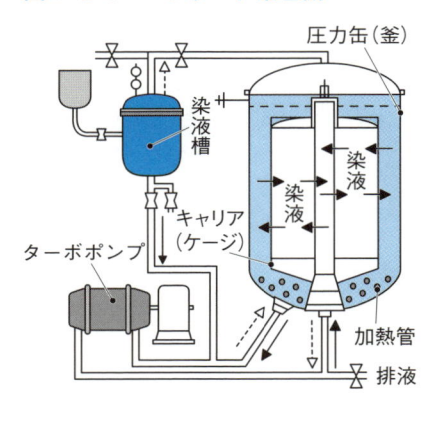

図 7-5-2　チーズ染色機（液圧式）

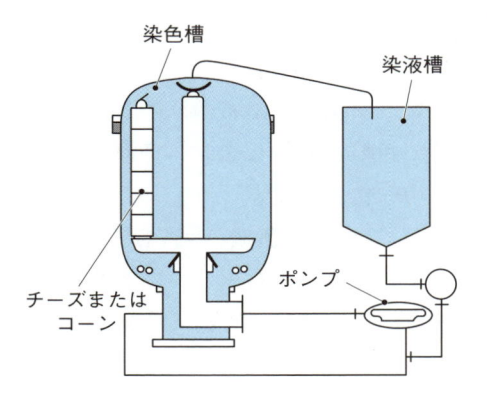

図 7-5-3　チーズ、コーンの例

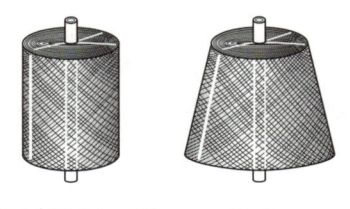

チーズ（ストレート）　　コーン

●糸染め用染色機

1) パッケージ染色機（図 7-5-1）

綿(わた)状、綛(かせ)糸状の繊維を染色タンク内のかご（キャリア(ケージ)）に圧縮して隙間無く詰込み、染液をポンプで循環し染色します。

2) チーズ染色機（図 7-5-2）

コーン状、チーズ状に巻き上げた糸（図 7-5-3）を染色タンク内のスピンドルに積み重ね、染液をポンプで循環し染色します。

3) 綛糸染色機

噴射式染色機（図 7-5-4）と回転バック式染色機（図 7-5-5）があります。共に綛状の糸をアームに掛け、染液を循環して染色します。噴射式はアームから染液を噴出させ、回転バック式は染液全体をポンプで移動させます。

●布染め用染色機

布染め用染色機は下記4種が代表的染色機です。

1) ウインス染色機（図 7-5-6）

ロープ状にした布の反始と反末を繋ぎ、リールの回転で布を引き上げ、移動・回転し染色します。染液は染色容器の底に溜まっていますが、布の移動で均一化されます。

2) ジッガー染色機（図 7-5-7）

左右の2本のローラーに布を拡布状で巻きつけ、ローラーの間で往復させます。染液は染色容器の底に溜まっています。

3) ビーム染色機（図 7-5-8）

多孔のビーム管に布を均一に巻き込み、ポンプで染液を布の間に通して染色します。糸チーズ染色機と原理は同じです。

4) 液流染色機（図 7-5-9）

ロープ状につないだ布に、染液をジェット状に吹きつけ、液の流れに沿って布も循環させ染色します。ジェット噴霧を強力にし、浴比（液量と布の重量比）を小さくした気流染色機も、実用化されています。

図 7-5-4　噴射式綛糸染色機

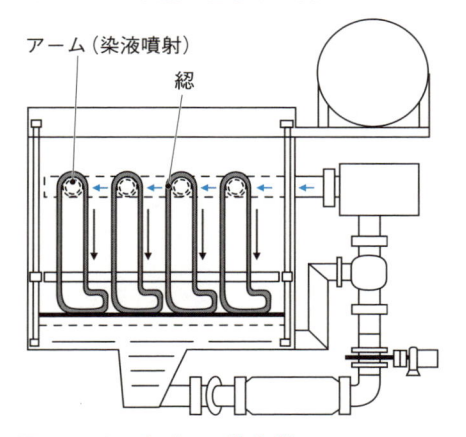

図 7-5-5　回転バック式綛糸染色機

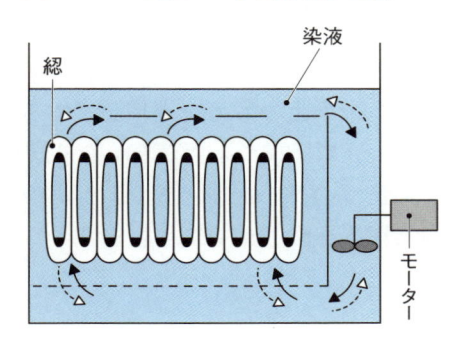

図 7-5-6　ウインス染色機

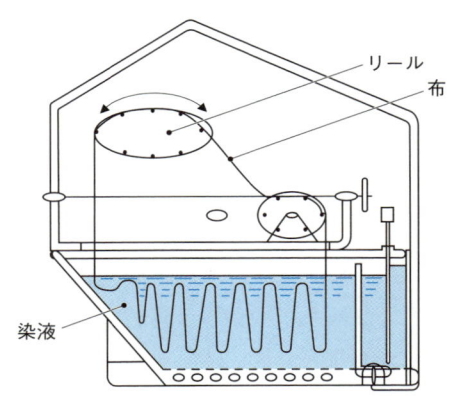

図 7-5-7　ジッガー染色機

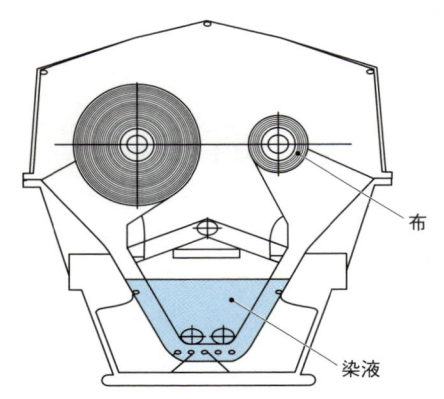

図 7-5-8　ビーム染色機

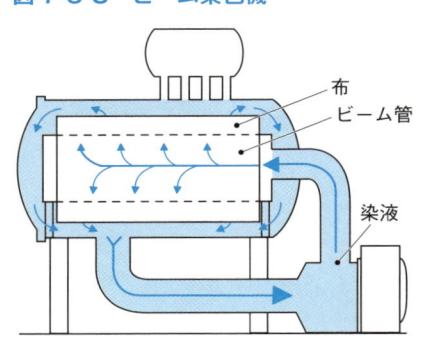

図 7-5-9　液流染色機

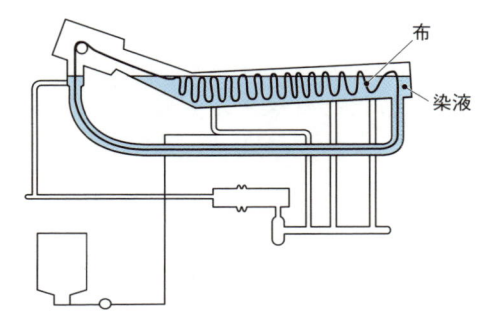

7・染色仕上げ加工

●製品染め用染色機

縫製後の衣服を染色します。一般に綿のTシャツを染色する場合が多いです。未染色のものを準備しておき、市場の需要状況に応じて染色すれば、多色の在庫を持つ必要がなくなります。

染色機はパドル染色機やドラム染色機（図7-5-10）が使用されます。その内部構造を図7-5-11に示します。簡便なので家庭用の洗濯機でも同じことが可能です。

●連続染色

綿やレーヨン100％布、ポリエステル／綿混布、ポリエステル／レーヨン混布など、大量加工の場合は連続式で染色されることもあります。この時の加工速度（布の走行速度）は50～100m／分と高速です。

連続染色では、拡布状の繊維布を染色浴槽の中を通した（パッド）後、2本のゴムローラーで均一に絞り、均一乾燥、均一加熱で染料を固着します。

方法としては以下の3つを例示しますが、混紡品を染色する場合、各種のバリエーションがあります。

1) コールド・パッド・バッチ法（図7-5-12）

パッド・ロール法ともいいます。反応染料にアルカリを添加した染色浴槽に繊維をパッド、絞り、そのまま巻き上げて（ロールアップ）、室温で一夜間保管します（バッチング）。加熱なしで染色が可能な、非常に簡便な方法です。（この方式は半連続式染色法と呼ばれます）。

2) パッド・サーモフィックス法（図7-5-13）

アルカリを含んだ染料液に繊維をパッド後、中間乾燥し、高温で処理することにより染色します。この方法は、綿を反応染料で染色する場合に用いられます。ポリエステルやポリエステル／綿混紡品の染色ではサーモゾル染色とも呼ばれています。

3) パッド・スチーム法（図7-5-14）

染料液に繊維をパッドし、乾燥させた後、アルカリ液をパッドし、直ちにスチームボックスを通過させ、染料を固着します。綿やセルロース繊維を建染（バット）染料や反応染料で染色する場合に使用されます。

図 7-5-10　製品染め染色機

ドラム染色機

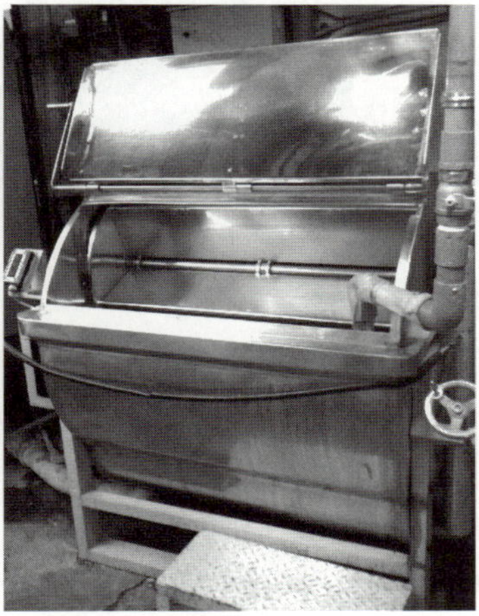

パドル染色機

図 7-5-11
パドル染色機
の原理

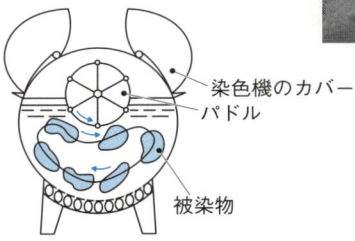

染色機のカバー
パドル
被染物

図 7-5-12　コールド・パッド・バッチ法

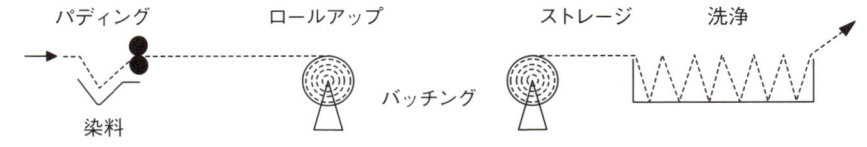

パディング　　ロールアップ　　　　　　ストレージ　　　洗浄
染料　　　　　　　　バッチング

図 7-5-13　パッド・サーモフィックス法

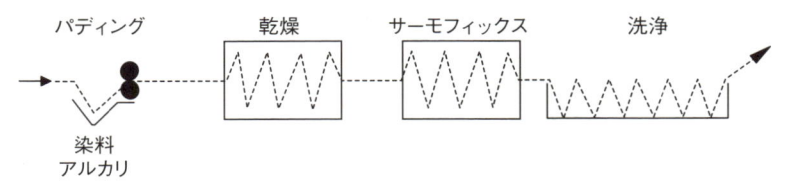

パディング　　乾燥　　サーモフィックス　　洗浄
染料
アルカリ

図 7-5-14　パッド・スチーム法

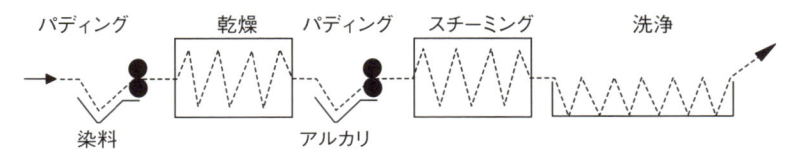

パディング　　乾燥　　パディング　　スチーミング　　洗浄
染料　　　　　　　　アルカリ

7・染色仕上げ加工

7-6 捺染（なっせん）

●捺染の概略

　繊維布帛に模様を描く方法として、捺染法があります。捺染工場での生産プロセスを簡単に記すと、図7-6-1のとおりです。一般的には色糊の作成以降が捺染工場の担当となります。

　加工プロセスは、染料とアルカリまたは酸、薬剤を混入した色糊を作成後、生地に模様を描き、熱や蒸気で処理して、染料を繊維へ固着します。さらに、残余の色糊が他部（白場）を汚染することのないように、洗浄除去します。

　図7-6-2は、捺染システムが発展してきた過程の概念図です。これにより捺染技術の変遷方向、システム開発の目的、現状の問題点をおわかりいただけると思います。

●直接捺染法

　プリント印捺手法の概要は次の通りです。まず直接捺染法から説明します。

1）ハンドスクリーン捺染（図7-6-3）

　捺染台へ拡布状に張った白布に、プリント用「紗」（模様印捺用のスクリーン）の上に置いた色糊を、人手でスキージング（へらで色糊を印捺）し、図柄をプリントします。スクリーン枠も人手で移動させます。昔の謄写版印刷と同じ要領で、手工芸の型紙捺染もこの方法で行います。

2）オートスクリーン捺染（図7-6-4）

　フラットスクリーン捺染ともいい、エンドレスベルト上に張った生地に、スクリーン型枠を置き、スキージングします。布は自動的にスクリーン1枠分移動し、スクリーン型枠も自動的に上下運動を繰り返します。この方式は印捺速度が遅いので、最近ではロータリースクリーン捺染が多く採用されるようになっています。

3）ロータリースクリーン捺染（図7-6-5）

　円筒形のロータリースクリーンで、50～100m／分の高速で連続的に印捺

図 7-6-1 捺染の工程

デザインの設定 → 配色別に色を分解 → スクリーン型枠の制作 → 色糊の作成 → 印捺

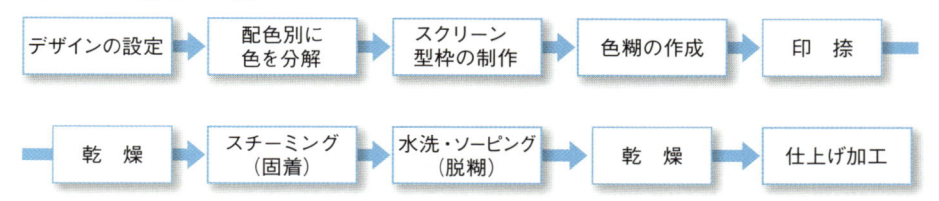

乾燥 → スチーミング（固着）→ 水洗・ソーピング（脱糊）→ 乾燥 → 仕上げ加工

図 7-6-2 捺染技術の変遷

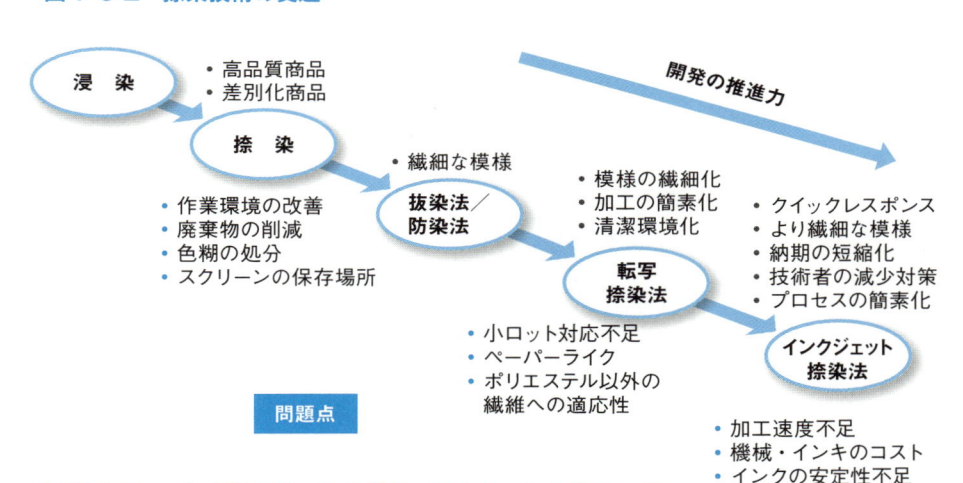

浸染
- 高品質商品
- 差別化商品

捺染
- 繊細な模様
- 作業環境の改善
- 廃棄物の削減
- 色糊の処分
- スクリーンの保存場所

抜染法／防染法
- 模様の繊細化
- 加工の簡素化
- 清潔環境化

転写捺染法
- 小ロット対応不足
- ペーパーライク
- ポリエステル以外の繊維への適応性

インクジェット捺染法
- クイックレスポンス
- より繊細な模様
- 納期の短縮化
- 技術者の減少対策
- プロセスの簡素化
- 加工速度不足
- 機械・インキのコスト
- インクの安定性不足

開発の推進力

問題点

図 7-6-3 ハンドスクリーンの操作、スクリーンとスキージ

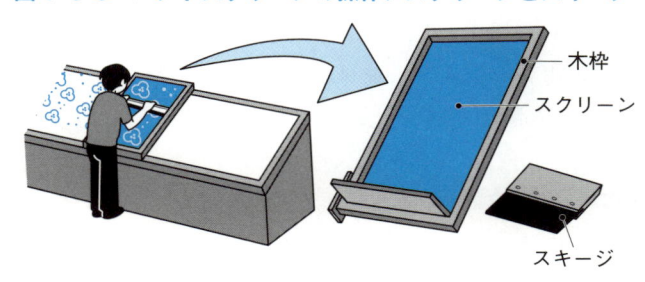

木枠
スクリーン
スキージ

図 7-6-4 オートスクリーン捺染機

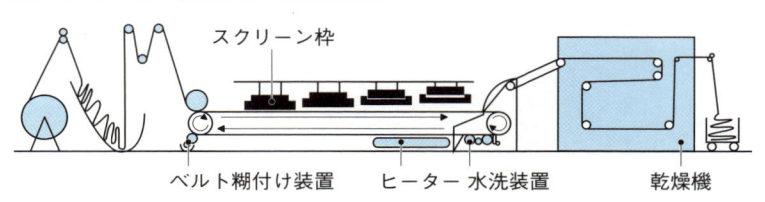

スクリーン枠
ベルト糊付け装置　ヒーター　水洗装置　乾燥機

7・染色仕上げ加工

します。紗の網目がやや粗いため、柄の尖鋭性はオートスクリーンよりやや劣ります。

4）ローラー捺染（図 7-6-6）

凹版銅製ロールの凹部に色糊を付け、100 m／分程度の高速で印捺します。ローラーの彫刻はコストが高く、高熟練を要するので、オートスクリーンやロータリースクリーン捺染に移行していきました。

5）転写捺染（図 7-6-7）

昇華しやすい分散染料を使用したインクで、紙に模様を印刷し、その模様を高熱で昇華させて生地へ転写します。ポリエステル、アセテートに適用され、洗浄工程も不要で簡便ですが、熱で変色しやすいという欠点があります。転写紙の印刷のロットが大きいのも難点です。

6）インクジェット捺染

通常のパソコン用プリンターと原理は同じです。長所としては、模様が繊細、受注から加工への納期を短縮できる、製版・捺染糊の調製などが不要、CAD／CAM からインクジェットで描画可能、色柄の切り替えが容易、先行見本にも対応可能、などの点があげられます。

しかし短所として、3 原色＋黒の 4 色が基本、洗浄・乾燥工程は通常の捺染法と同じ、プリント速度が遅い、生産性が低い、装置代・インク代が高い、通常捺染品との演色性に注意を要する、などの点も挙げられるため、現状では未だ特殊用途に限定されています。（なお、最近では特色用インクの利用技術や、高速化プリンターの開発も進んでいます。）

表 7-6-1 は各捺染描画システム間の特性を比較しています。

●抜染、防染、防抜染法（捺染プロセス）

ここまでで紹介した直接捺染法の他に、抜染法、防染法、防抜染法があります。図 7-6-8 は各手法概念の説明図です。

1）抜染法

均一に染色された着色布に、色素を分解する薬剤を印捺し、着色部分の色を抜く方法です。白く抜く白色抜染法と、白く抜いた部分に別の色を差し込む着色抜染法があります。

図7-6-5　ロータリースクリーン捺染機

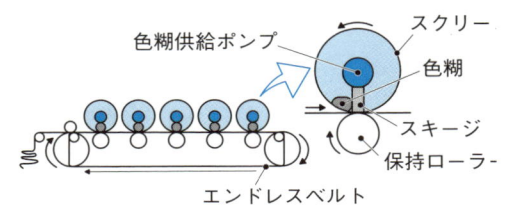

色糊供給ポンプ／スクリーン／色糊／スキージ／保持ローラー／エンドレスベルト

図7-6-6　ローラー捺染機

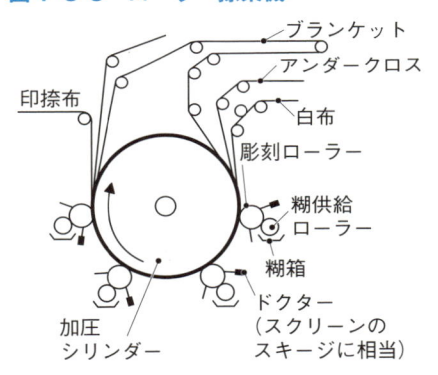

ブランケット／アンダークロス／印捺布／白布／彫刻ローラー／糊供給ローラー／糊箱／ドクター（スクリーンのスキージに相当）／加圧シリンダー

図7-6-7　転写捺染機

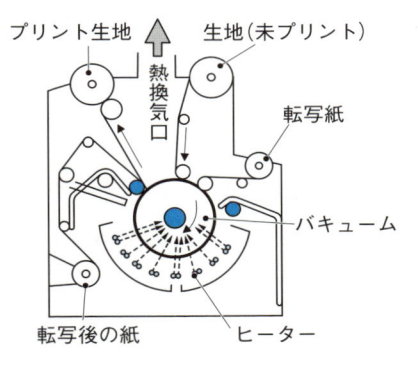

プリント生地／生地（未プリント）／熱換気口／転写紙／バキューム／転写後の紙／ヒーター

表7-6-1　プリントシステム間の比較

	ハンドスクリーン捺染	オートスクリーン捺染	ロータリースクリーン捺染	ローラー捺染	転写捺染	インクジェット捺染
工芸性	大	中	中	小	大 繊細模様	大 繊細模様
生産性	小	中	大	大	大	小
小ロット対応性	可	中	中	不可	不可	可
普及性	特殊領域	安定化	拡大中	過去の技術になりつつある	一部	将来に期待
技術の完成度	完成	完成	完成	完成	完成	未完成
技術問題	手作業 熟練者の育成	スクリーンの作成 染料の選択 糊剤の選択	スクリーンの作成 染料の選択 糊剤の選択	ローラーの作成 染料の選択 糊剤の選択	プリント紙の作成 濃度と堅牢度のバランス	加工スピード

2) 防染法

まず、白布に蝋やワックス、活性炭を含んだ糊を印捺し、次に全面印捺後、全体を加熱処理して染料を固着します。ワックスや活性炭を塗布した防染部分は色がつかず白く残ります。また、防染剤で吸着妨害されない色素を添加しておけば、その部分が別の色に着色した着色防染となります。

3) 防抜染法

抜防染ともいわれます。白布に可抜の染料をパッディングまたは全面塗付した布に、未固着の状態で抜染糊を印捺し、全体を加熱固着します。抜染法より抜染の効果が良好です。

●捺染物の固着工程

各種の印捺工程は直接捺染法や抜染法、防染法の項で説明したとおり、各種のプリント手法・装置を使用しますが、それ以降の工程はスクリーン捺染、ローラー捺染、インクジェット捺染とも、ほぼ同じ固着工程を取ります。固着工程では通常、スチーマーという装置を使います。

●捺染用糊剤

捺染に使われる糊剤には、天然糊料、合成糊料、エマルジョン糊など各種のものがあります。よく使われる糊剤を表7-6-2に示します。

プリント時の絵柄、描画に関する物理的特性として、糊粘度の安定性、絵際の尖鋭性、にじみ性、発色性、捺染効率性、水洗時の脱落性など、多くの項目があります。これらの特性は使用糊剤により大きく異なります。そのため、工場ではこれらを適度に配合して使用しています。

実際の捺染用の色糊には、糊ペーストの中に染料、染料溶解補助剤、酸またはアルカリ、濃染剤、捺染特性改良剤など種々の薬剤を添加しています。

図 7-6-8 抜染、防染、防抜染の概念図

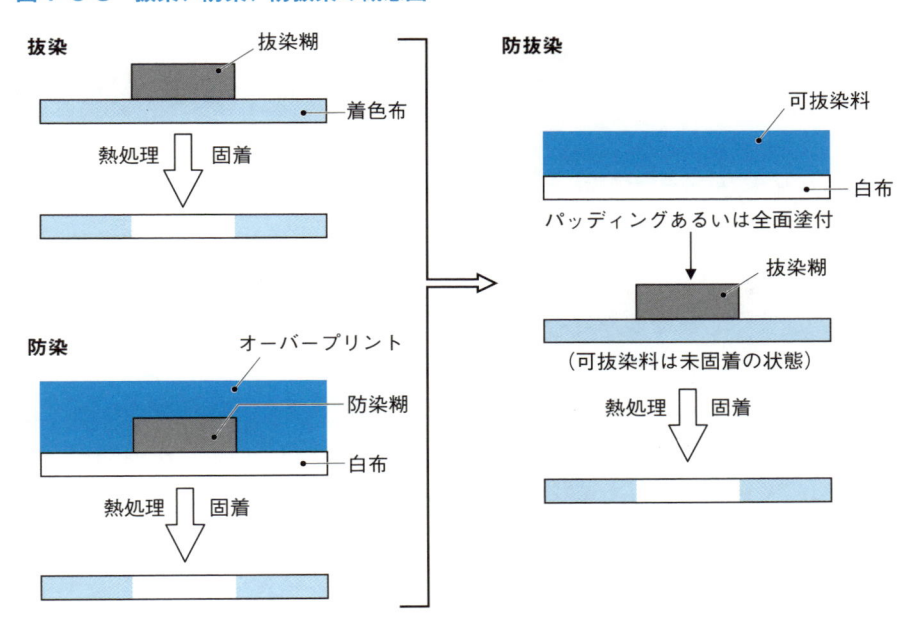

抜染
- 抜染糊
- 着色布
- 熱処理 固着

防染
- オーバープリント
- 防染糊
- 白布
- 熱処理 固着

防抜染
- 可抜染料
- 白布
- パッディングあるいは全面塗付
- 抜染糊
- （可抜染料は未固着の状態）
- 熱処理 固着

表 7-6-2 代表的捺染用糊剤

糊剤の種類	糊剤名
天然糊料	でんぷん類、ゴム類（トラガントゴムなど）、海草類（アルギン酸ナトリウム）
加工糊料	加工でんぷん類、加工ローカストビーンガム、セルロース誘導体（CMC）
合成糊料	ポリビニールアルコール（PVA）
エマルジョン糊	水・石油系のエマルジョン（O/W 型、W/O 型）

7・染色仕上げ加工

7-7 仕上げ加工

●一般仕上げ加工

繊維素材の特性を維持する「一般仕上げ加工」は、以下の様に分類できます。

1) **風合い調整**

①柔軟加工：しなやかな風合い、平滑な風合いを得るため、通常は柔軟剤浴に浸漬する処理を行います。

②糊付け仕上げ加工：綿やポリエステル／綿混などのステープル織物生地の欠点を補い、商品価値を維持するため、生地の裏面に専用の機械（図7-7-1）で糊剤を付与します。これにより生地は安定します。

③樹脂加工：織物全体に樹脂を付与して固定し、繊維間の動きを止めます。この樹脂加工が機能加工の形態安定加工に発展しました。

2) **生地ゆがみ修正**

①幅出しヒートセット加工：各種の工程終了後、テンター機（図7-7-2）でヒートセットを行います。これにより布のゆがみが除去できます。

②防縮加工・サンフォライズ加工：綿織物を厚手のラバーの伸張した部分に接合し、ラバーが逆方向へ収縮する時、織物も強制的に収縮させ、それ以上織物が収縮しなくなるようにする加工です（図7-7-3）。通常、綿織物はほぼ全て、この加工が施されています。

3) **静電気防止**

帯電防止加工：一般に合成繊維は染色後、油剤類が除かれ、摩擦による帯電が起きやすくなっています。これを防ぐため、吸湿性の帯電防止剤が使われます。

4) **生地表面調整**

①カレンダー加工：複数の重質ローラーの組み合わせをカレンダーといいます。そのローラーの間に織物を通過させ、繊維表面に艶を出す加工です（図7-7-4）。ローラーの組み合わせ例を図7-7-5に示します。

②起毛加工・剪毛加工：起毛機（図7-7-6）により布を毛羽立たせる加工

図 7-7-1　裏糊付け機

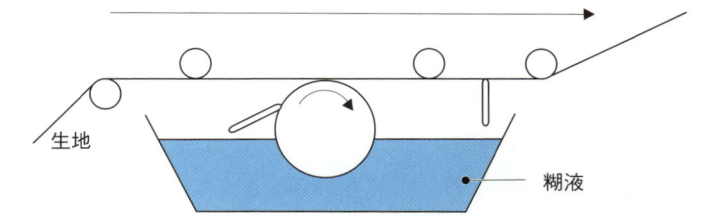

生地
糊液

図 7-7-2　テンター機（ヒートセッター）

写真提供：内外特殊エンジ㈱

図 7-7-3　サンフォライズ加工の原理図

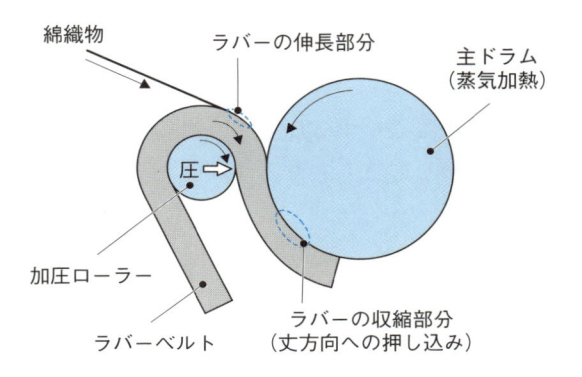

綿織物
ラバーの伸長部分
主ドラム
（蒸気加熱）
圧
加圧ローラー
ラバーベルト
ラバーの収縮部分
（丈方向への押し込み）

7・染色仕上げ加工

141

を起毛加工といい、剪毛機（図 7-7-7）で毛羽を均一に刈り取る加工を剪毛加工といいます。通常は合わせて起毛・剪毛加工と呼んでいます。

●機能加工

付加価値をつける「機能加工」の方法には、さまざまな方法があります。ポリエステル繊維での機能性付与法の例を表 7-7-1 に示します。以下に説明する機能性も、表の中の方法で作られています。

機能加工については、第 9 章でも記述されていますが、ここではそれ以外の機能加工項目について概説します。

●機能加工例概略

1) 形態安定加工

一般樹脂加工の防縮性、防しわ性、W&W（乾きが早く、しわができにくい）性、PP 加工（型くずれとしわを防ぐ）性を付与する技術が発展して、形態安定加工が開発されました。形態安定には、縫製前に固定する方法と縫製後に固定する方法があります。

2) 撥水・撥油加工

水滴や油滴を繊維表面で弾き飛ばし、水や油で濡れにくくする加工です。フルオロアルキル基を多く含んだフッ素系撥水・撥油加工剤を繊維と結合させて用います。

3) 防汚加工

人体の垢や食品などで汚れにくくする加工（SG：Soil Guard）と汚れても落ちやすくする加工（SR：Soil Release）があります。SG 加工では撥水と撥油の加工を施し、SR 加工では親水性を増す薬剤を使用します。

4) 防炎加工

織物を燃えにくくし、燃えても広がりにくくする加工で、繊維自体を燃えにくくする方法の他に、難燃剤を付与する方法もあります。

5) UV カット加工

紫外線（UV）は皮膚に悪影響を与えるため、紫外線を吸収する薬剤を繊維に付与し、紫外線を遮断します。酸化チタンの他、各種 UV を吸収する薬剤を繊維内に練り込んだり、コーティングしたりします。

図 7-7-4　カレンダー加工機

写真提供：㈱小松原

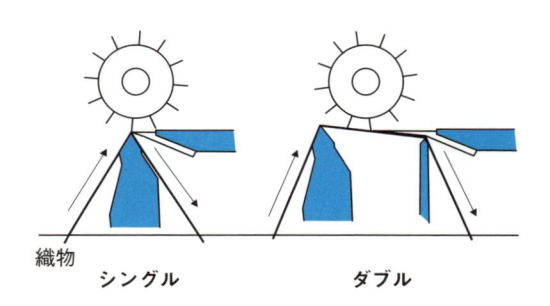

図 7-7-5　ローラー組み合わせ例

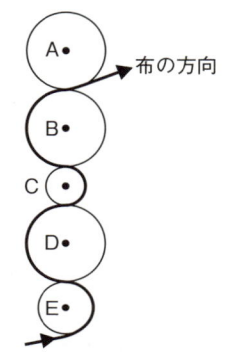

A、B、D：綿または紙ローラー
C：鉄製加熱ローラー
E：鉄またはステンレスローラー

ローリングカレンダー例

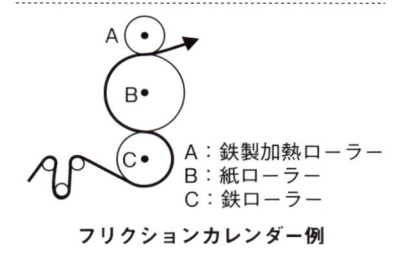

A：鉄製加熱ローラー
B：紙ローラー
C：鉄ローラー

フリクションカレンダー例

図 7-7-6　針起毛機

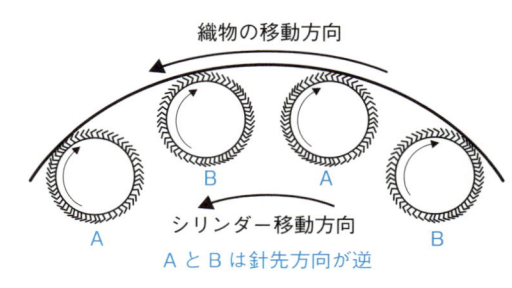

織物の移動方向
シリンダー移動方向
AとBは針先方向が逆

図 7-7-7　剪毛機の例

織物
シングル　　ダブル

7・染色仕上げ加工

143

6) その他

クールビズ、ウォームビズに関する吸汗速乾加工、吸湿発熱加工について、コラム欄で紹介しています。

●その他特殊加工例

この他特殊加工として、さまざまな感覚の繊維製品が作られています。繊維業界では時々出てきますので、名前だけでも知っておくとよいでしょう。

擬麻加工　麻のシャリ感のある風合いを作り出す加工です。
深色化加工　濃色が難しいポリエステルで深味のある色を出します。
モアレ加工　布の表面にモアレ状の模様を作り出す加工です。
リップル加工　織物の表面にさざなみ状の凹凸をつける加工です。
オパール加工　複合繊維の片側を溶解し、透かし模様を作ります。
ストーンウォッシュ加工　ジーンズで着古した感じの風合いを出します。
ピリング防止加工　合成繊維でのピルの発生を防ぐ加工です。
抗スナッグ加工　生地の引きつれを起こりにくくする加工です。
シロセット加工　羊毛のプリーツをつける加工です。
フロック加工　ステープル(フロック)を吹き付け、毛羽状の表面にします。
再帰反射加工　表面にビーズを付着させ、反射光の視認性を高める加工です。

この他にもたくさんの特殊加工があります。

表 7-7-1　ポリエステル繊維への機能付与技術

技術手段	原糸開発 繊維の機能化	機能剤の吸着加工　表面被覆	機能繊維を混合・複合	繊維の表面加工・表面処理
繊維断面モデル	●	◎	⦿	◎
基本技術（手段）	機能性ポリマーの創出 ・新規ポリマーの開発(含共重合) ・機能薬剤の練込み	機能薬剤を既存繊維へ付与 ・吸着、パディング（染色と同様の処理） ・コーティング ・塗装	機能繊維を利用 ・混紡、混合 ・複合、積層 ・機能フィルムをラミネート	繊維表面の物理的処理 ・レーザー ・プラズマ ・スパッタリング など
長所	耐久性・均一性良好	加工工程での組込み可能	機能・素材の多様化可能	耐久性良好
問題点	コストアップ 薬剤効率不良	処理条件の制限 耐久性不十分	風合い低下	加工設備必要

> **⚠ クールビズ、ウォームビズについて**
>
> 　最近話題になっているクールビズ、ウォームビズに、機能性加工の一種に、吸汗速乾加工、吸湿発熱加工があります。これらの機能の一部は9章の進化する繊維の部分でも触れていますが、概略すると次のような加工です。
>
> ①吸汗速乾加工（クールビズ対応）：吸汗速乾とは、かいた汗を生地がすばやく吸収し、しかもすぐ乾くという機能です。ポリエステル繊維など吸水性の乏しい合成繊維に対して、乾きやすい性質を残しながら、吸水性を持たせた加工が「吸汗速乾」として行われています。
>
> ②吸湿発熱加工（ウォームビズ対応）：吸湿により発熱効果の大きい加工剤を表面処理し、皮膚から蒸散する水分を吸収して熱エネルギーに変換する加工です。
>
> このような加工を施した繊維製品が市販され、話題を集めています。

7-8 繊維製品の苦情、トラブル

●繊維製品のトラブル

　繊維製品にも消費者からのクレームは起こります。図7-8-1～3は製品事故原因究明のため、トラブル要因とその発生率を調べたデータです。

　繊維製品は生産、流通の過程でもトラブルが起きる可能性があります。例えば、製品の移動や店頭展示中に排気ガスにさらされたり、保管中に水濡れしたり、商品展示中に日光に長期間さらされたり、長期間湿った状態や高温で保管されたり、製品にとって不適合な環境が出現することも多々あります。これらは変色や堅牢度低下の原因となります。

●製品の検査

　トラブルを発生させないために、繊維製品は出荷前に十分な検査が行われます。これにより、設計イメージに合致した商品作り、安定した製品作り、信頼性のある製品作りが実現します。

●堅牢度判定用スケール

　トラブルが発生した場合、変色の程度、汚染の程度を客観的に判断するため、判定用のスケールがJISにより制定されています。染色物の変色の判定用に「変退色用グレースケール」（図7-8-4）、白布の汚染の判定用に「汚染用グレースケール」（図7-8-5）があり、どちらも一般財団法人日本規格協会より発行されています。

　また、衣料品は光や日光に当たると色が変わるため、この耐性程度を表わすスケールとして、「ブルースケール」も設定されています。対象染色物とブルースケールとを同じ条件で光に晒して、その変色・退色の程度を判定します。

　耐光堅牢度検査には太陽に晒す方法もありますが、時間がかかるので、促進試験用に強力な人工光源が使用されます。

図 7-8-1　現象別トラブル発生率

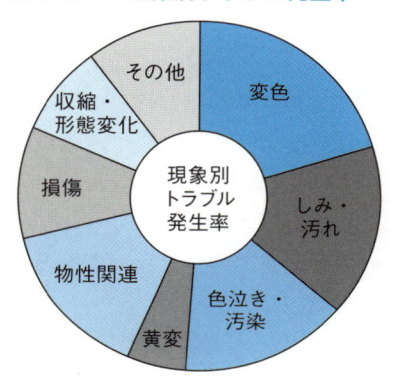

（円グラフ：変色、しみ・汚れ、色泣き・汚染、黄変、物性関連、損傷、収縮・形態変化、その他）

図 7-8-2　素材別トラブル発生率

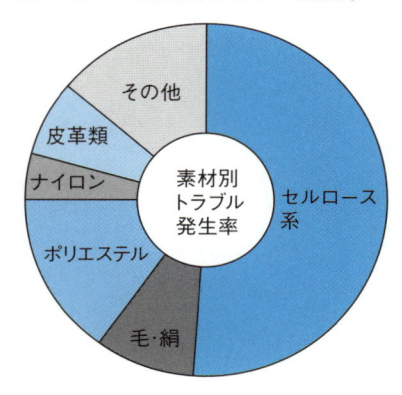

（円グラフ：セルロース系、毛・絹、ポリエステル、ナイロン、皮革類、その他）

図 7-8-3　堅牢度別トラブル発生率

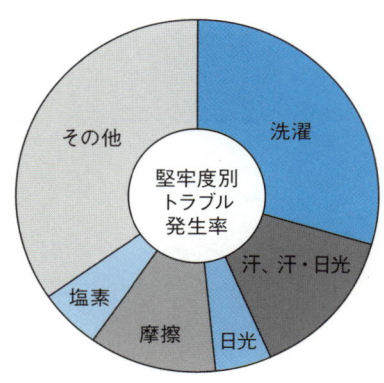

（円グラフ：洗濯、汗、汗・日光、日光、摩擦、塩素、その他）

（3点とも㈱ボーケン品質評価機構ほかより引用・編集）

図 7-8-4　変退色用グレースケール

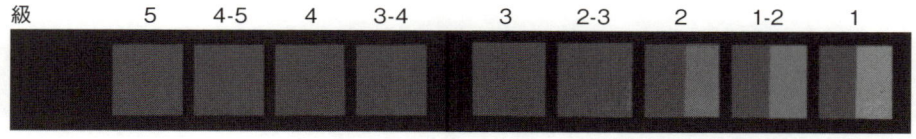

| 級 | 5 | 4-5 | 4 | 3-4 | 3 | 2-3 | 2 | 1-2 | 1 |

写真提供：一般財団法人日本規格協会

図 7-8-5　汚染用グレースケール

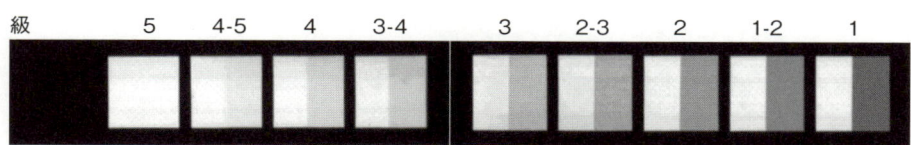

| 級 | 5 | 4-5 | 4 | 3-4 | 3 | 2-3 | 2 | 1-2 | 1 |

写真提供：一般財団法人日本規格協会

7・染色仕上げ加工

❗ TES（繊維製品品質管理士）について

　繊維製品に関する資格に、TES（Textile Evaluation Specialist〔繊維製品品質管理士〕）という資格があります。これは繊維に関する知識を持っていることを証明する資格で、繊維事業に携わるさまざまな人がこの資格に挑戦しています。この資格を持ち、繊維のスペシャリストとなることで、繊維製品の品質・性能向上や、消費者からのクレームへの対応をスムーズに行うことができるようになり、製品の企画・製造・販売の合理化、消費者利益の保護、企業と消費者の信頼関係改善のために活躍できるようになります。

　TES は、昭和 56 年に当時の通商産業省の告示（平成 9 年 12 月 18 日廃止）に基づいて生まれましたが、現在では、「一般社団法人日本衣料管理協会」に引き継がれています。資格試験は毎年 1 回行われています。

　繊維への知識を深め、確認するためにも、1 度 TES へ挑戦してみてはいかがでしょうか。

第8章

縫製と製品

この章では、繊維製品の代表格、
アパレル製品について見ていきます。
各種の工程や表示規格を知り、
製品知識を深めるために役立ててください。

8-1 アパレル製品の企画・設計

●生産プロセス

　アパレルメーカーのものづくり部門を大きく分けますと、商品企画部門、設計技術部門、生産管理部門があり、マーチャンダイザー、デザイナー、パターンメーカー、生産管理担当者がそれぞれ役割を分担しています。

　アパレル製品の生産プロセスのうち、企画・設計のプロセスはおおむね図8-1-1のとおりです。

● IT化が進むアパレル業界

　代表的なIT化の1つにSCM（Supply Chain Management）があります。これは市場の多様化・スピード化に対応するため、材料供給者・アパレルメーカー・卸売業者・小売業者（この流れをサプライチェーンという）が情報を共有してものづくりを進め、経費削減・時間短縮を目指し全体最適化を図っていくシステムです。また、デザイン・パターンメーキング・グレーディング、マーキング、縫製仕様書作成をコンピューター上で行うシステムとして、CAD（Computer Aided Design）があります。さらに縫製工場の裁断工程などでは、CADに連動したCAM（Computer Aided Manufacturing）が活用されています。他にマーチャンダイジングを支援するMDシステムやアイテム・色・柄などを選んで組み合わせるバーチャルファッションなどがあります。

図 8-1-1　アパレル製品企画・設計プロセス

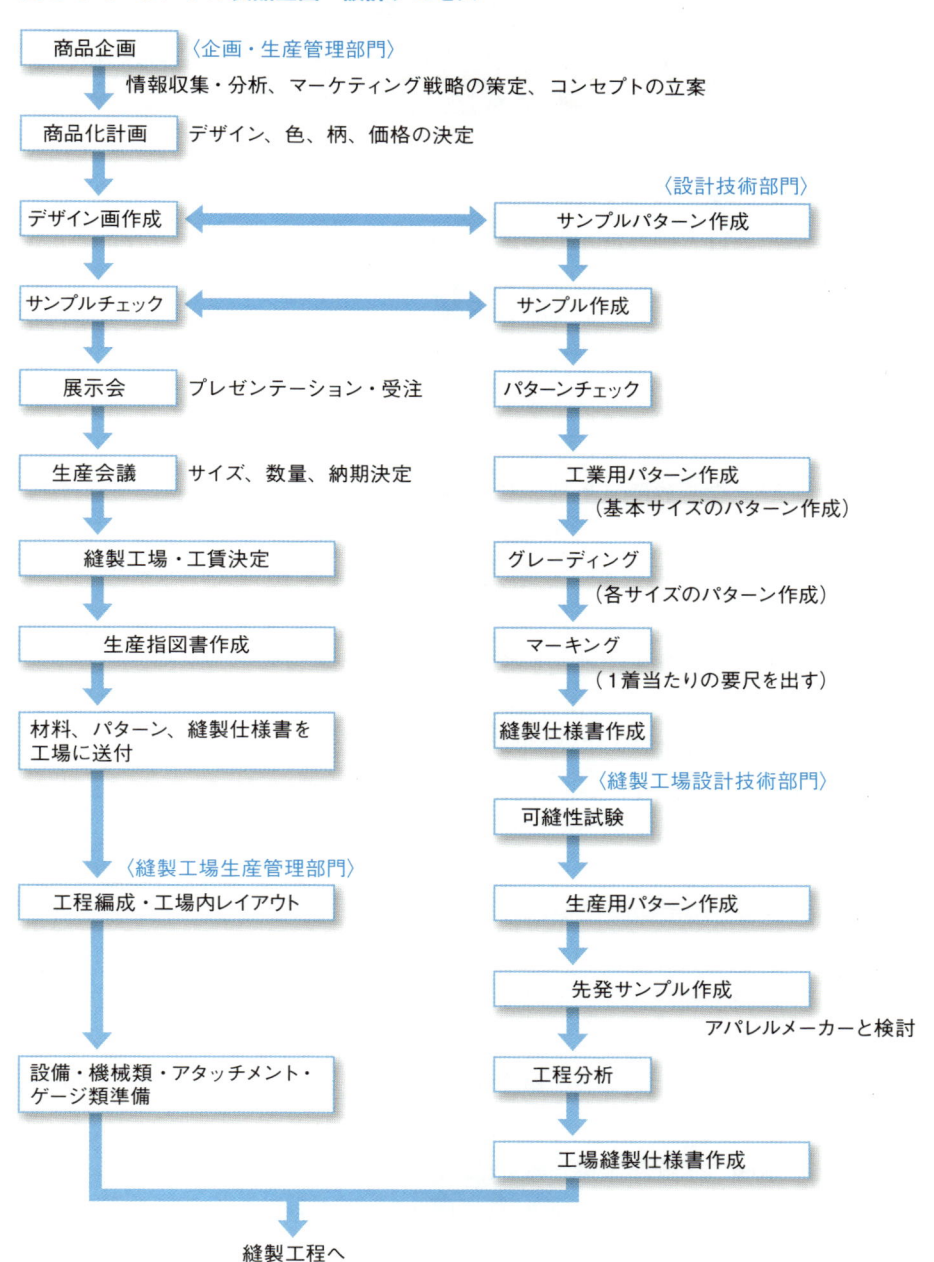

```
商品企画 　〈企画・生産管理部門〉
  │　　情報収集・分析、マーケティング戦略の策定、コンセプトの立案
  ▼
商品化計画　デザイン、色、柄、価格の決定
  │
  │　　　　　　　　　　　　　　　　〈設計技術部門〉
  ▼
デザイン画作成 ←──────────────→ サンプルパターン作成
  │                                    │
  ▼                                    ▼
サンプルチェック ←─────────────→ サンプル作成
  │                                    │
  ▼                                    ▼
展示会　プレゼンテーション・受注    パターンチェック
  │                                    │
  ▼                                    ▼
生産会議　サイズ、数量、納期決定    工業用パターン作成
  │                                    （基本サイズのパターン作成）
  ▼                                    │
縫製工場・工賃決定                    ▼
  │                                  グレーディング
  ▼                                    （各サイズのパターン作成）
生産指図書作成                        │
  │                                    ▼
  ▼                                  マーキング
材料、パターン、縫製仕様書を           （1着当たりの要尺を出す）
工場に送付                            │
  │                                    ▼
  │                                  縫製仕様書作成
  │                                    │
  │　　〈縫製工場生産管理部門〉     〈縫製工場設計技術部門〉
  ▼                                    ▼
工程編成・工場内レイアウト           可縫性試験
  │                                    │
  │                                    ▼
  │                                  生産用パターン作成
  │                                    │
  │                                    ▼
  │                                  先発サンプル作成
  │                                        アパレルメーカーと検討
  ▼                                    │
設備・機械類・アタッチメント・        ▼
ゲージ類準備                          工程分析
  │                                    │
  │                                    ▼
  │                                  工場縫製仕様書作成
  ▼
縫製工程へ
```

8・縫製と製品

8-2 縫製工程

●縫製準備工程～仕上げ工程

　縫製工場に素材・副資材などが納入され、アパレルメーカーとの先発サンプルの確認が済み、生産用のパターンや縫製仕様書が準備されると、次の縫製準備工程・縫製工程・仕上げ工程に入ります。以下、順を追って説明します。

①**検反**　原反が入荷した後の受入れ検査です。検反機を用い、目視で染めむらやネップ（糸の節）などの欠点をチェックします。

②**スポンジング・放反**　生地の製造時や巻取り時に生じた歪みを取り除くために、蒸気や振動を与えて生地を安定させることをスポンジングといいます。生地を 24 時間以上解反しておくことを放反といいます。

③**延反**　原反を広げて地の目や耳を揃えて積み重ねます。

④**裁断**　延反された生地の上にマーカーシートを載せて裁断機でパーツに裁断します。現在は CAD を用いたマーキングからデータを工場に送り、自動裁断機で裁断することが多くなっています。

⑤**芯接着**　えり、前身ごろ、袖口、ベルトなどのパーツに接着プレス機（図 8-2-1）で芯を接着します。

⑥**仕分け**　裁断したパーツや芯接着後のパーツを工程順に分けます。また、1 着の製品の中での色差を防ぐため、パーツの束の上から番号ラベルを貼ります（縫製の際は同じ番号のパーツを組み合わせます）。

⑦**パーツ縫製**　袖、えり、ポケット、裏地などの各パーツを縫います。

⑧**組立て縫製**　パーツを組み合わせて立体的に作り上げます。

⑨**仕上げ**　アイロンやプレス機を用いてしわを取り除き、シルエットを立体的に整えます。

⑩**検査・検品**　検査基準書に従い外観・縫製を検査します。抜き取り検査と全数検査があります。検針器（図 8-2-2）による針や異物の混入検査は全数検査です。

⑪**包装・梱包**　袋詰めや、ハンガーで保管します。
⑫**出荷**

図 8-2-1　接着プレス機

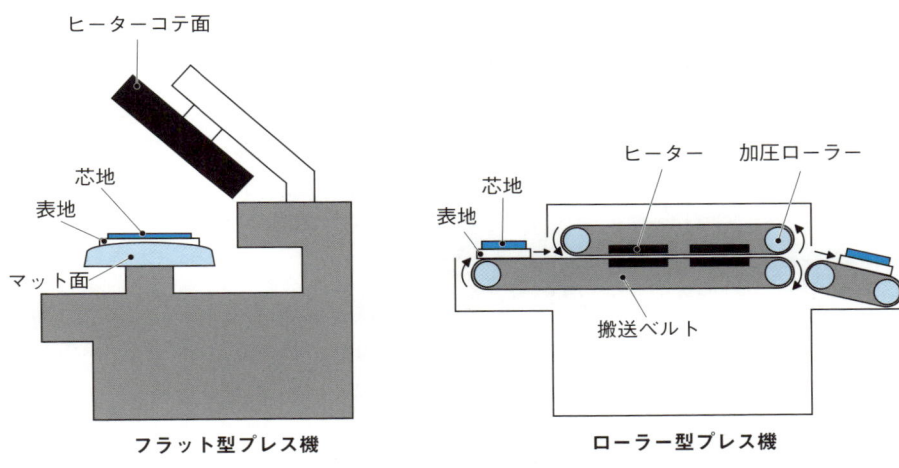

ヒーターコテ面
芯地
表地
マット面
フラット型プレス機

ヒーター　加圧ローラー
芯地
表地
搬送ベルト
ローラー型プレス機

（東京都立産業技術研究センター『繊維技術ハンドブック』をもとに作成）

図 8-2-2　検針機

コンベアタイプ

写真提供：㈱サンコウ電子研究所

8-3 縫製機器

●工業用ミシン

　縫製工場では、速度が速い工業用の専用ミシンを用途に応じて多数使用します。紳士用ジャケットの場合のミシンの使用例は図 8-3-1 のとおりです。表 8-3-1 は、工業用ミシンの分類です。以下では、よく用いられる工業用ミシンについて説明します。

1）本縫いミシン（縫い目　図 8-3-2）

　上糸と下糸を布の中央で絡み合わせて縫い目を形成するミシンで、最も広く用いられています。縫い目の伸びが少ないので一般織物向きであり、伸びが大きい生地には不向きです。

2）すくい縫いミシン（縫い目　図 8-3-3）

　1本の針糸が鎖状に絡んで縫い目を形成する単環縫いミシンです。スカートやスラックスの裾あげに用いられますが、ほどけやすいことが欠点です。

3）二重環縫いミシン（縫い目　図 8-3-4）

　上糸に下糸が二重に交鎖して縫い目を形成しているため、単環縫いミシンに比べ、ほどけにくいことが特徴です。縫い目に伸縮性があり、ジーンズの縫製などに用いられています。

4）オーバーロックミシン（縫い目　図 8-3-5）

　針糸と下糸が互いに絡み合いながら、布の縁をまたがって縫い目を形成する縁かがり縫いのミシンです。ミシンにメスが付いており布端をカットしながらかがります。図左は1本針オーバーロックミシン、図右は2本針オーバーロックミシンの縫い目です。

5）インターロックミシン（縫い目　図 8-3-6）

　二重環縫いと縁かがり縫いを同時に行うミシンです。ブラウスやワイシャツの袖下縫いから脇縫いに続く連続縫いや、ジーンズの内股縫いなどに使用されています。

6) 偏平縫いミシン（縫い目　図 8-3-7）

縫い代部を平らに始末して縫い糸表面を飾ることが特徴で、縫い目に伸縮性があります。ニット製品のえり回りや袖ぐりなどに使用されています。

図 8-3-1　工業用ミシンの使用例（紳士用ジャケット）

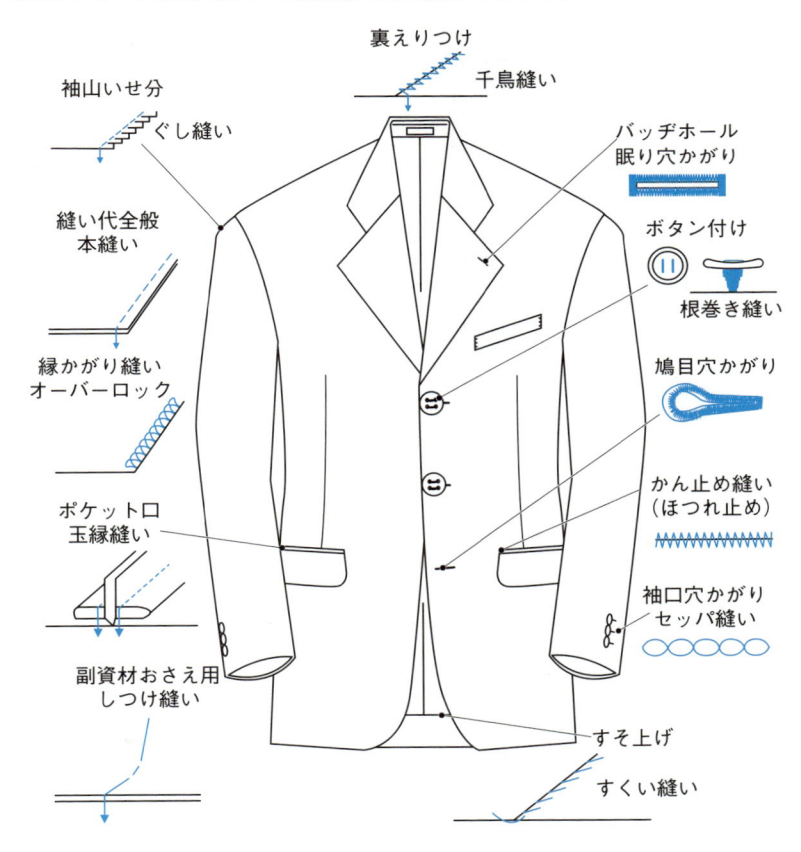

- 袖山いせ分　ぐし縫い
- 裏えりつけ
- 千鳥縫い
- バッヂホール　眠り穴かがり
- 縫い代全般　本縫い
- ボタン付け
- 根巻き縫い
- 縁かがり縫い　オーバーロック
- 鳩目穴かがり
- ポケット口　玉縁縫い
- かん止め縫い（ほつれ止め）
- 袖口穴かがり　セッパ縫い
- 副資材おさえ用　しつけ縫い
- すそ上げ
- すくい縫い

（東京都立産業技術研究センター『縫製技術ハンドブック』をもとに作成）

●サイクルミシン

設定された作業が終ると自動的に停止するミシンで、ボタン付けミシン（図8-3-8）、ボタン穴かがりミシン、かんぬき止めミシンなどがあります。

表 8-3-1　縫い目形式による工業用ミシンの分類

縫い目形式			ミシンの種類
本縫い		本縫い	1本針、2本針ミシン
		千鳥縫い	千鳥ミシン、刺繍ミシン
		特殊本縫い	穴かがりミシン、ボタン付けミシン、かんぬき止めミシン
還縫い	単環縫い	単環縫い	まつり縫い、しつけ縫いミシン
		すくい縫い	すくい縫いミシン
		特殊単環縫い	ボタン付けミシン
	二重環縫い	二重環縫い	1本針〜多数針ミシン
		千鳥縫い	千鳥ミシン
		特殊二重環縫い	鳩目穴かがりミシン
		複合縫い	安全縫い（インターロック）ミシン
	縁かがり縫い		各種オーバーロックミシン
	偏平縫い		2本針、3本針、4本針ミシン

（繊維流通研究会「アパレル品質管理ハンドブック」をもとに作成）

図 8-3-2　本縫い

図 8-3-3　すくい縫い

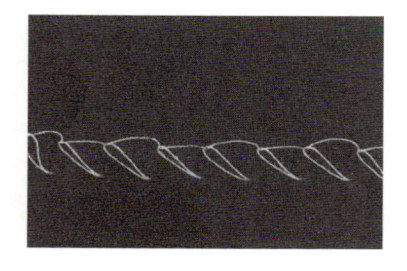

図 8-3-4　二重環縫い

図 8-3-5　オーバーロック

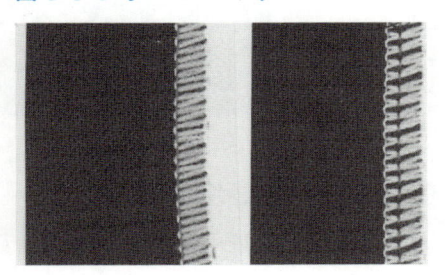

図 8-3-6　インターロック

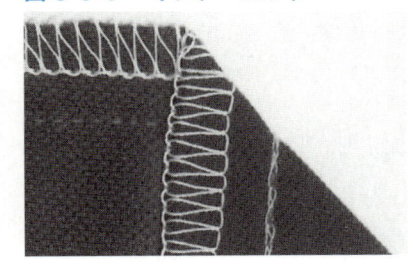

図 8-3-7　偏平縫い

図 8-3-8　ボタン付けミシン

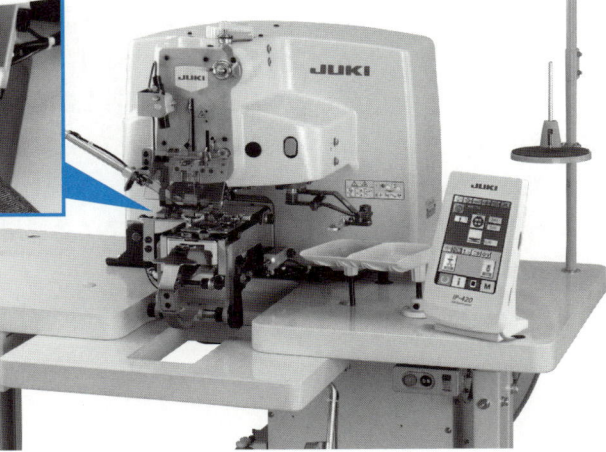

ボタン付けの様子

（2点とも）写真提供：JUKI㈱

8-4 製品の組成表示

●繊維製品の表示事項

　家庭用品品質表示法の繊維製品品質表示規程に定められている表示事項には、「繊維の組成」「家庭洗濯等取扱い絵表示」「はっ水性」「表示者名（事業者名）及び住所又は電話番号」があります。衣料品の品目別表示事項は表8-4-1のとおりであり、品目によって表示事項が異なります。

●組成表示について

　組成表示は繊維の名称と混用率を併記して表示しますが、繊維の名称は定められた指定用語（表8-4-2）を用いなければなりません。
　指定用語がない繊維の場合は「指定外繊維」と表示し、繊維の名称又は商標を（　　）書きで付記することができます。

　　　　　　例：指定外繊維（リヨセル）100％

　繊維の混用率は、質量百分率の大きいものから順に表示します。
　別布や裏地は分離して表示することができます（分離表示）。また、靴下、ファンデーション（ブラジャー、コルセットなど）、手袋などは混用率の大きいものから少なくとも2つ以上の繊維名を順次列記し、それ以外の繊維名は「その他」と一括して表示することができます（列記表示）。2つの表示例は図8-4-1のとおりです。
　なお、衣料品の一部に皮革や合成皮革などを使用する場合には、雑貨工業品品質表示規程に従った表示が必要です。

表 8-4-1 品目別表示事項（抜粋）

品目	組成表示	取扱い絵表示	はっ水性	表示者名連絡先
上衣、ズボン、スカート、ドレス、シャツ、ブラウス、オーバーコート、セーター	○	○		○
レインコート	○	○	○	○
靴下、手袋、マフラー、ネクタイ、水着	○			○

表 8-4-2 主な繊維の指定用語（抜粋）

繊維の名称		指定用語
綿		綿
		コットン
		COTTON
毛	羊毛	毛
		羊毛
		ウール
		WOOL
	アンゴラ	毛
		アンゴラ
	カシミヤ	毛
		カシミヤ
	モヘヤ	毛
		モヘヤ
	らくだ	毛
		らくだ
		キャメル
	アルパカ	毛
		アルパカ
	その他のもの	毛
絹		絹
		シルク
		SILK
麻（亜麻および苧麻に限る）		麻

繊維の名称		指定用語
ビスコース繊維	平均重合度が 450 以上のもの	レーヨン
		RAYON
		ポリノジック
	その他のもの	レーヨン
		RAYON
銅アンモニア繊維		キュプラ
アセテート繊維	水酸基の 92％以上が酢酸化されているもの	アセテート
		ACETATE
		トリアセテート
	その他のもの	アセテート
		ACETATE
ナイロン繊維		ナイロン
		NYLON
アラミド繊維		アラミド
ポリエステル系合成繊維		ポリエステル
		POLYESTER
ポリアクリロニトリル系合成繊維	アクリロニトリルの質量割合が 85％以上のもの	アクリル
	その他のもの	アクリル系
羽毛	ダウン	ダウン
	その他の羽毛	フェザー
		その他の羽毛

図 8-4-1 分離表示・列記表示

```
品質 表地 本体 毛 100％

     テープ 綿 100％

     裏地 キュプラ 100％
```
スカートの分離表示例

```
品質 綿

     アクリル

     その他
```
靴下の列記表示例

8-5 取扱い絵表示

●取り扱い方法や注意事項の表示

　家庭洗濯などの取り扱い方法は、JIS L 0217（繊維製品の取扱いに関する表示記号及びその表示方法）で規定された図柄（表8-5-1）を用いて表示します。図柄の組み合わせの順序は「洗い方（水洗い）」「塩素漂白の可否」「アイロンの掛け方」「ドライクリーニング」「絞り方」「干し方」の順に左から右に並べて表示します（二段表示でも可）。絞り方と干し方は任意表示です。

　「取扱い絵表示」ラベルは、縫いつけなど、容易にはがれないよう製品に取り付けなければなりません。ラベル自体の性能はJIS L 0844 A-3法（洗濯堅牢度試験）で変退色4級以上汚染5級と規定されています。

　「取扱い絵表示」以外に、取り扱い上の注意事項を記号の外に文字で付記することができます。これを付記用語といいます（例：ネット使用、スチームで浮かしアイロン、タンブル乾燥禁止）。最近は素材の特徴や取り扱い上の注意事項を別ラベルで詳しく表示したものも多く見受けられます。

●「取扱い絵表示」の国際化

　従来、「取扱い表示」については、各国が独自に絵表示や文字による表示を行っていましたが、生産拠点や販売のグローバル化に伴い、国際的な整合化の必要性が生じました。ISO（国際標準化機構）は長期間にわたる審議を行った末、国際規格ISO 3758「Textiles Care Labelling Code using Symbols（ISOケアラベル）」を加盟各国に提示しました。その後さらに検討され、現在日本では、JIS L 0217の整合化作業が進められています。今後は世界的にISOケアラベルが広く用いられると考えられます。表8-5-2は、JISの図柄の一部をISOケアラベルと比較したものです。

表 8-5-1 「取扱い絵表示」の図柄と意味

分類	図柄		図柄の意味	
（1）洗い方（水洗い）	101 [95] / 102 [60] / 103 [40] / 104 [弱40] / 105 [弱30] / 106 [手洗イ30] / 107 [×]		101	液温95℃限度、洗濯できる
			102	液温60℃限度、洗濯できる
			103	液温40℃限度、洗濯できる
			104	液温40℃洗濯機の弱水流または弱い手洗いが良い
			105	液温30℃洗濯機の弱水流または弱い手洗いが良い
			106	液温30℃弱い手洗いが良い
			107	（洗濯機不可）水洗いできない
（2）塩素漂白の可否	201 / 202		201	塩素漂白剤による漂白ができる
			202	塩素漂白剤による漂白ができない
（3）アイロンの掛け方	301 高 / 302 中 / 303 低 / 304 ×		301	210℃を限界、高い温度（180〜210℃）で掛ける
			302	160℃を限界、中程度温度（140〜160℃）で掛ける
			303	120℃を限界、低い温度（80〜120℃）で掛ける
			304	アイロン掛けはできない
（4）ドライクリーニング	401 ドライ / 402 ドライセキユ系 / 403 ×		401	溶剤はパークロルエチレンまたは石油系が使用できる
			402	溶剤は石油系のものを使用する
			403	ドライクリーニングできない
（5）絞り方	501 ヨワク / 502 ×		501	手絞りの場合は弱く、遠心脱水の場合は短時間で絞る
			502	絞ってはいけない
（6）干し方	601 / 602 / 603 平 / 604 平		601	吊り干しが良い
			602	日陰の吊り干しが良い
			603	平干しが良い
			604	日陰の平干しが良い

表 8-5-2　JIS の図柄と ISO ケアラベルの比較（抜粋）

洗濯		アイロン掛け		商業クリーニング	
ISO	JIS	ISO	JIS	ISO	JIS
[40]	[○40]	[・・・]	[高]	Ⓟ	[ドライ]
[30]	[弱30]	[・・]	[中]	Ⓕ	[ドライセキユ系]
[手]	[手洗イ30] ※	[・]	[低]	⊗	[ドライ ×]

※　JIS の液温は 30℃、ISO は 40℃
＊　ISO ケアラベルの図柄は GINETEX に所有権があります。（www.ginetex.net）

8-6 原産国表示

●表示についての決まり

　不当景品類及び不当表示防止法では、一般消費者が判別することが難しい、紛らわしい表示を不当表示として規制しています。衣料品の原産国表示についても、一般消費者に誤認される恐れのある場合や、原産国が明確に表示されていない場合を不当表示としています。

●原産国とは

　その商品について「実質的な変更をもたらす行為（表8-6-1)」が行われた国を原産国といいます。ボタン付けや簡単なししゅうなどは、実質的な変更をもたらす行為にはなりません。

　2006年3月に、社団法人日本アパレル産業協会から『アパレル業界における原産国表示マニュアル』が発行され、アイテムごとに原産国決定の工程が定義づけられています。

●不当表示

　国産品を外国産、あるいは、外国産品を国産と見まちがうような表示は不当表示となります。例として次のような場合があります。

①商品の原産国以外の国名、地名、国旗、紋章などが表示されている場合
②商品の原産国以外の国の事業者、または、デザイナーの氏名、名称、商標などが表示されている場合
③文字の表示の全部、または、主要部分が原産国以外の文字で表示されている場合

　上記①②③の不当表示例は図8-6-1のとおりです。
　原産国表示の方法は表8-6-2のとおりです。

表 8-6-1 品目別「実質的な変更をもたらす行為」

品　　　目	実質的な変更をもたらす行為
下着、寝着、外衣（洋服、婦人子供服、ワイシャツなど）	縫　製
帽子、手袋	縫　製
ソックス	編　立

（『原産国の定義に関する運用細則』より抜粋）

図 8-6-1 不当表示例・適正表示例

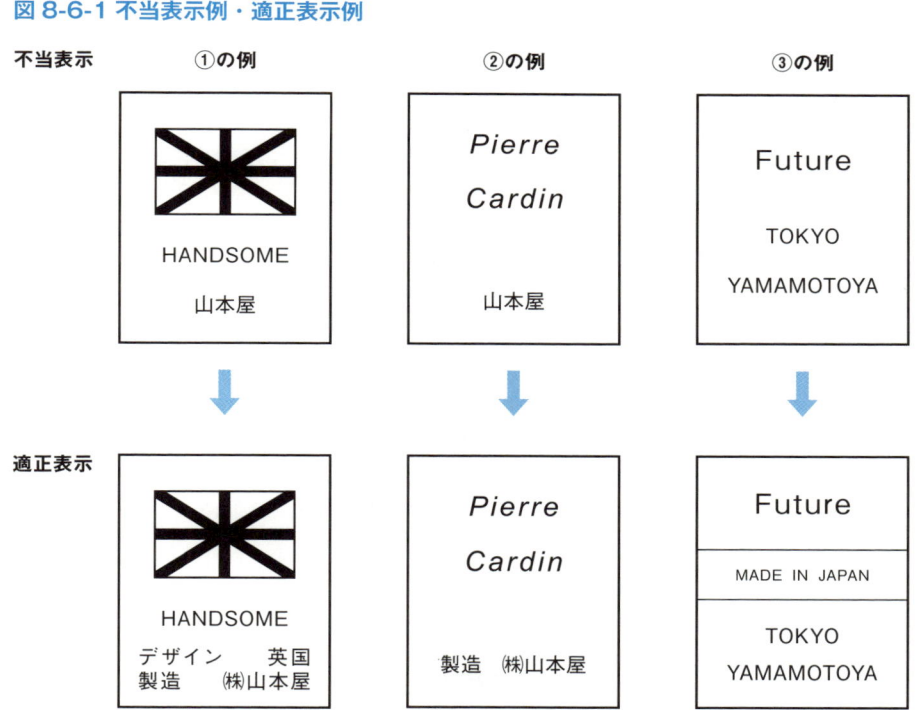

不当表示

①の例

[英国旗]
HANDSOME
山本屋

②の例

Pierre Cardin
山本屋

③の例

Future
TOKYO
YAMAMOTOYA

↓

適正表示

[英国旗]
HANDSOME
デザイン　英国
製造　㈱山本屋

Pierre Cardin
製造　㈱山本屋

Future
MADE IN JAPAN
TOKYO
YAMAMOTOYA

（『商品の原産国に関する不当な表示』の衣料品の表示に関する運用細則より抜粋）

表 8-6-2 原産国表示の方法

国内で生産された商品	日本製　　国産　　Made in Japan 製造　㈱○○○○
外国で生産された商品	イタリア製　　中国製　　Made in China

8-7 サイズ表示

サイズ表示は法定表示ではありませんが、衣料品には欠かせない表示であり、JISで定められた表示方法があります。この項ではJISのサイズ表示について説明します。

●表示する部位の種類

1）基本身体寸法（ヌード寸法を表示）
　①チェスト（胸囲　男子用）
　②バスト（胸囲　女子用）
　③ウエスト（胴囲）
　④ヒップ（腰囲）
　⑤アンダーバスト…ファンデーションのみ
　⑥身長
　⑦足長…靴下類のみ
　⑧体重…乳幼児衣料のみ

2）特定衣料寸法
　また下丈、スリップ丈、ペチコート丈、ブラスリップ丈などを出来上がり寸法で表示します。

●サイズの表し方

乳幼児衣料の場合は身長、体重の順に表示します。少年用、少女用、成人男子用、成人女子用の場合は次のような表示があります。

1）体型区分表示
　コート、ドレス、上衣類などでフィット性を必要とするものを対象としています。成人女子の場合は4つの体型（表8-7-1）に区分し、バスト（表8-7-2）と身長（表8-7-3）を組み合わせて表示しています（図8-7-1）。成人男子の場合は10の体型に区分しています（表8-7-4）。

表 8-7-1　成人女子用体型区分

体　系	意　味
A 体型	日本人の成人女子の身長を 142cm、150cm、158cm 及び 166cm に区分し、更にバスト 74～92cm を 3cm 間隔で、92～104cm を 4cm 間隔で区分したとき、それぞれの身長とバストの組合せにおいて出現率が最も高くなるヒップのサイズで示される人の体型
Y 体型	A 体型よりヒップが 4cm 小さい人の体型
AB 体型	A 体型よりヒップが 4cm 大きい人の体型。ただし、バストは 124cm までとする
B 体型	A 体型よりヒップが 8cm 大きい人の体型

表 8-7-2　バストの記号（成人女子用）

記号	身体寸法	記号	身体寸法	記号	身体寸法	記号	身体寸法
3	74	11	86	19	100	27	116
5	77	13	89	21	104	29	120
7	80	15	92	23	108	31	124
9	83	17	96	25	112		身体寸法…cm

表 8-7-3　身長の記号（成人女子用）

記　号	意　味
R	身長 158cm の記号で、普通を意味するレギュラー（regular）の略
P	身長 150cm の記号で、小さいことを意味するプチット（petite）の略
PP	身長 142cm の記号で、P より小さいことを意味するため P を重ねた
T	身長 166cm の記号で、高いことを意味するトール（tall）の略

2）単数表示

単数値でサイズを表したものです（表8-7-5）。成人女子ではフィット性をあまり必要としない上衣やフィット性を必要とするスカート、ズボンに適用されており、表8-7-5は身長158cmの場合の単数表示の例です。

3）範囲表示

範囲を示す数値によりサイズを表したものです。成人女子の場合の範囲表示の例は表8-7-6のとおりです。

服種別のサイズの表し方と表示順位をまとめたものは表8-7-7のとおりです。

表8-7-4　成人男子用体型区分

体　型	意　味
J 体型	チェストとウエストの寸法差が20cmの人の体型
JY 体型	チェストとウエストの寸法差が18cmの人の体型
Y 体型	チェストとウエストの寸法差が16cmの人の体型
YA 体型	チェストとウエストの寸法差が14cmの人の体型
A 体型	チェストとウエストの寸法差が12cmの人の体型
AB 体型	チェストとウエストの寸法差が10cmの人の体型
B 体型	チェストとウエストの寸法差が8cmの人の体型
BB 体型	チェストとウエストの寸法差が6cmの人の体型
BE 体型	チェストとウエストの寸法差が4cmの人の体型
E 体型	チェストとウエストの寸法差がない人の体型

図 8-7-1　成人女子体型区分表示例

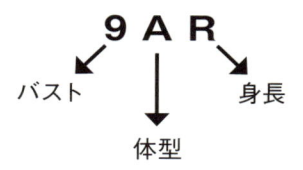

```
     9 A R
    ↙  ↓  ↘
 バスト 体型 身長
```

表 8-7-5　単数表示—バスト及び身長による表示（身長158cmの場合）

単位 cm

呼び方		3R	5R	7R	9R	11R	13R	15R	17R	19R	21R	23R	25R
基本身体寸法	バスト	74	77	80	83	86	89	92	96	100	104	108	112
	身　長	158											

表 8-7-6　範囲表示（身長154〜162cmの場合）

単位 cm

呼び方		S	M	L	LL	3L
基本身体寸法	バスト	72〜80	79〜87	86〜94	93〜101	100〜108
	ヒップ	82〜90	87〜95	92〜100	97〜105	102〜110
	身　長	154〜162				
	ウエスト	58〜64	64〜70	69〜77	77〜85	85〜93

● **サイズの表示方法**

サイズの表示方法には、数値を列記する寸法列記（図 8-7-2）と、サイズ絵表示（ピクトグラム）（図 8-7-3）がありますが、寸法列記による表示が広く用いられています。

● **その他のサイズ表示**

JIS に基づかない任意の表示をする場合には、JIS の呼び方記号は付記できないので注意が必要です。

また、国産品でも外国のサイズ表示方法（36・38・40…などのヨーロッパサイズ、4・6・8・10…などのアメリカサイズ、イギリスサイズ）を用いている商品が市場には多く出ています。海外ブランドの商品も現地の表示で販売されていますが、同じ数値を用いていてもその内容は国によって異なります。したがって、海外のサイズと日本の JIS サイズを正確に対比することは困難です。

衣料品に欠かすことのできないサイズ表示について、メーカー・販売者は明確に表示することが不可欠です。

図 8-7-2　寸法列記

サイズ	
バスト	83
ヒップ	91
身　長	158
9AR	

図 8-7-3　サイズ絵表示（ピクトグラム）

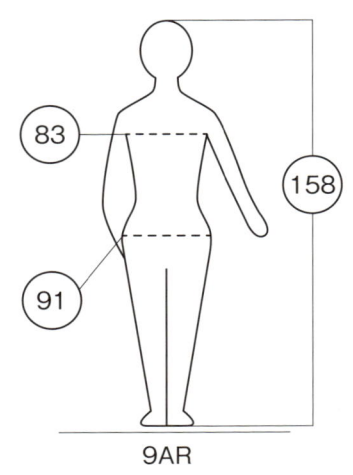

83
158
91
9AR

表 8-7-7　服種別のサイズの表し方と表示順位

服種および着用区分			サイズの表し方	基本身体寸法・特定寸法・表示順位		
				1	2	3
コート類	フィット性を必要とするもの		体型区分表示	バスト	ヒップ	身長
	フィット性をあまり必要としないもの		範囲表示	バスト	身長	-
ドレスおよびホームドレス類	フィット性を必要とするもの		体型区分表示	バスト	ヒップ	身長
	フィット性をあまり必要としないもの		範囲表示	バスト	身長	-
上衣類	フィット性を必要とするもの		体型区分表示	バスト	ヒップ	身長
	フィット性をあまり必要としないもの		単数表示または範囲表示	バスト	身長	-
スカート類	フィット性を必要とするもの		単数表示	ウエスト	ヒップ	-
	フィット性をあまり必要としないもの		単数表示または範囲表示	ウエスト	-	-
ズボン	長ズボンで裾上げが完成しているもの	フィット性を必要とするもの	単数表示	ウエスト	ヒップ	また下丈
		フィット性をあまり必要としないもの	単数表示または範囲表示	ウエスト	-	-
	その他	フィット性を必要とするもの	単数表示	ウエスト	ヒップ	-
		フィット性をあまり必要としないもの	単数表示または範囲表示	ウエスト	-	-
事務服および作業服類	全身用		単数表示または範囲表示	バスト	身長	-
	上半身用		範囲表示	バスト	身長	-
	下半身用		範囲表示	ウエスト	-	-
セーター、カーディガン、プルオーバーなどのセーター類			範囲表示	バスト	身長	-
ブラウス類			単数表示	バスト	身長	-
シャツ類			範囲表示	バスト	身長	-
寝衣類			範囲表示	バスト	-	-
下着類(ブラジャーなどのファンデーションは除く)	全身用	スリップ類	単数表示または範囲表示	バスト	スリップ丈	-
		その他	範囲表示	バスト	ヒップ	-
	上半身用		単数表示または範囲表示	バスト	-	-
	下半身用	ペチコート類	範囲表示	ヒップ	ペチコート丈	-
		その他	範囲表示	ヒップ	-	-
水着類			単数表示または範囲表示	バスト	ヒップ	-

(繊維流通研究会『アパレル品質管理ハンドブック』より)

❗ PL法

　PL法とはProducts Liabilityの略であり、1995年に施行された製造物責任法のことを言います。「製造物の欠陥」によって使用者の生命、身体、または財産に損害を与えた場合、製造者はその損害に対する賠償責任を負うというものです。

　製造物の欠陥の種類には次の3つがあります。
①品質設計上の欠陥
②品質管理上の欠陥
③注意事項など表示上の欠陥

衣料品の場合のPL法対象事例とメーカーの対策例は以下の表のとおりです。

対象事例	対策例
皮膚傷害	素材、デザインの検討 モノフィラメント糸の使用禁止 金属付属類の皮膚への刺激のチェック 加工剤のパッチテスト 警告ラベルによる表示
針などの異物混入による傷害	検針器による検針の徹底 工場における針・用具類の管理の徹底 ディスプレイの際の針管理の徹底
着衣の燃焼によるやけど	素材、デザインの検討 表面フラッシュ燃焼性試験による確認（特に起毛素材）

　メーカーはデータや、文書の保管に努めるとともに、PL保険への加入などの対策も必要です。

第9章

進化する合成繊維

繊維の最先端、合成繊維を紹介します。
日々発表される新しい機能、新しい風合いは、
数々の研究と技術の結晶です。

9-1 制電・導電性

●摩擦帯電

　繊維も含めて、物質は摩擦すると一方がプラスに帯電し、もう一方がマイナスに帯電して静電気を生じます。摩擦する相手によってはこの通りではありませんが、プラス・マイナスの傾向をまとめたのが、図9-1-1に示す摩擦帯電列です（多少、序列の異なった報告もある）。ポリエステルと羊毛など、この序列中で離れているもの同士の組み合わせの時に、帯電圧は高くなります。

　天然繊維は一般に親水性が高いので、帯電した静電気が水を通して速やかに除かれますが、合成繊維ではなかなか除かれません。そのために、ほこりの付着や衣服のまとわりつきなどの障害が生じます。人体にも帯電するので、車やドアノブなどに触れた時に、ビリッときて不快な思いをすることにもなります。

●制電性繊維（製品）

　帯電防止スプレーや、染色仕上げ加工の際の制電剤での処理という方法もありますが、耐久性に欠点があります。そのため、親水性のポリマーを混合する方法や、同心円状に複合紡糸をする方法もあります。親水性ポリマーが吸収した水分により、電気を逃がしやすくなります。洗濯しても、親水性ポリマーが洗い流されることはないので、耐久性が向上します。このような繊維を制電性繊維と呼んでいます。湿度が低い状態では、十分に制電効果を発揮できませんが、通常の使用では問題ないので、裏地などに利用されています。

●導電繊維

　これに対し導電繊維は、カーボンや金属、導電性セラミックなどを含んだ導電性のあるポリマーを、複合紡糸により繊維断面に配置したもので、図9-1-2に例示したものの他、多数の例があります。電気を通すのに水が関係

しないので、湿度の影響を受けずに優れた制電性を発揮します。精密工業などで使われる防塵衣料などでは、ごく一部に導電性繊維を織り込むことでも目標が達成されています。

欠点は導電剤の色で繊維自体が黒っぽくなることですが、目立たなくする試みもあります。

●電磁波シールド用途

更に高い導電性を要求される電磁波シールド用途では、炭素繊維や金属繊維、あるいは通常の化学繊維に銅、ニッケル、銀などの金属をメッキした繊維も使われています（図 9-1-3）。

金属のメッキは、無電解メッキという特殊な方法で行われ、100 ナノメートルほどの薄い層が表面に形成されます。簡単に剥離しないような技術が開発されています。

図 9-1-1　摩擦帯電列

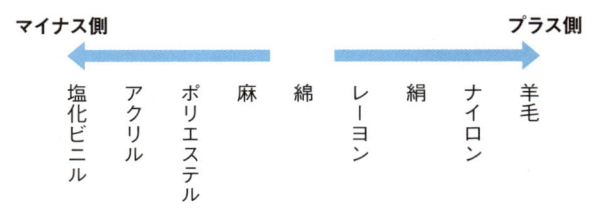

マイナス側　←　　　　　　　　　　→　プラス側

塩化ビニル　アクリル　ポリエステル　麻　綿　レーヨン　絹　ナイロン　羊毛

図 9-1-2　導電繊維の例

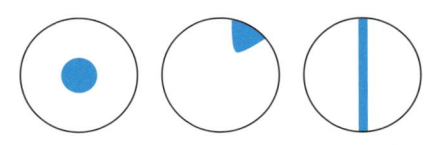

青色部分：導電性のあるポリマー

図 9-1-3　金属メッキ繊維

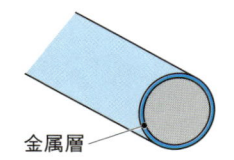

金属層

9-2 吸水・吸湿性

●吸水性と吸湿性の違い

　吸水とは、例えば汗の玉のような液体の水を吸うことをいい、吸湿は気体（水蒸気）を吸うことをいいます。吸湿性は、ポリマー自体の性質に依存しますが、吸水性はポリマー自体の性質のほか、毛細管現象によっても生じます。

●吸水性の付与方法

　毛細管現象を利用する場合には、繊維同士の隙間を狭くするほど液体を吸いやすく、遠くまで拡散させることができます。したがって、狭い空隙をたくさん作ると汗がすばやく拡散し、速乾性も生まれ、べとつくこともなくなります。

　狭い空隙を作る方法としては、以下の3つがあります。

1）極細繊維を利用する

　繊維を細くすることで、繊維同士の空間を狭くする方法です。ただし、余り細くなりすぎると、今度は撥水性を示すようになります（9-3節参照）。

2）異形断面繊維を利用する（3-4節）

　繊維を異形断面にすることによって狭い空隙を作る方法です。さまざまな形状が提案されています。

3）微細な多孔構造を利用する（図 9-2-1）

　中空繊維に微細な孔を多数形成させたもので、この孔は中空糸の内部まで貫通しており、水を吸収して拡散させることができます。

4）ポリマー自体に吸水性を付与する

　図 9-2-2 は、アクリル繊維の表層部だけを化学的に改質した、自重の 100 倍もの水を吸収する繊維です。左の吸水前に比べて、右の吸水後が太く膨潤していることがわかります。医療・衛生用途や、土木・建設の止水材などに利用されています。

● 吸湿性繊維

　周囲の環境の湿度が高いときには吸湿し、湿度が下がると放湿する繊維は、蒸れを感じにくく、快適性が高いです。このためには、ポリマー自体が親水性を持っていることが必要です。

　ナイロンやポリエステルに吸湿性を付与するためには、親水性と吸湿性を持つポリマーを混合したり、芯・鞘構造の同心円複合で、配合したりします。

　図9-2-3はその一例で、鞘に親水性のポリマーを配し、芯にポリエステルを使用したものです。芯を複雑な形にすることで、両成分の剥離を防止しています。深色化の効果もあるようです。

図 9-2-1　吸水性繊維の例（中空繊維）

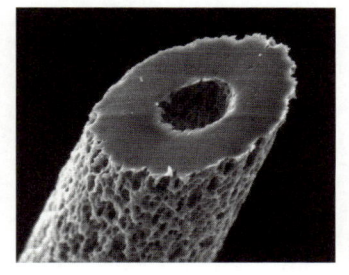

写真提供：帝人ファイバー㈱

図 9-2-2　高吸水性繊維

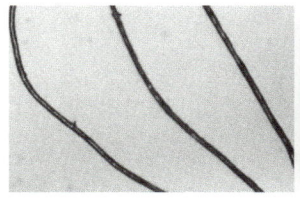

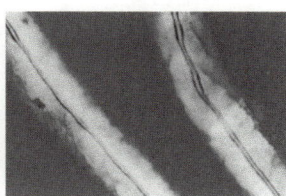

写真提供：東洋紡績㈱

図 9-2-3　吸湿性繊維の例

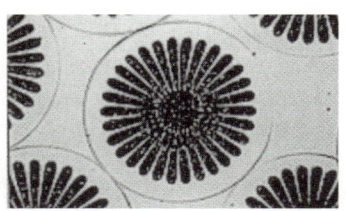

写真提供：クラレトレーディング㈱

9-3 撥水・防水・透湿性

●撥水とハスの葉

　水滴は親水性表面では横につぶれて広がった形をとり、布を濡らしますが、表面張力が水より十分小さな撥水性表面では、水玉を形成するため、濡らしません（図 9-3-1）。そこで、撥水性を与えるために、表面張力の小さな処理剤で、布の表面を加工することが行われています。

　一方、ハスの葉の表面にはきれいな水玉がよく見られます。コロコロと転がって、葉を濡らすことはありません。これは、ハスの葉の表面に多数ある微小な突起が水をはじいているためです（図 9-3-2）。このことを利用すれば、化学的な処理剤だけでなく、形態的に撥水性を付与することが可能となります。現在では、極細繊維の織物の表面を起毛加工して微小な突起を持たせた、撥水性の織物が作られています。

●蒸れない、透湿・防水膜

　雨カッパなどには、ゴムやフィルムでラミネート加工をしたものがあります。これらは確かに防水効果はあるのですが、着用していると蒸れて不快さを感じます。人体から発生する汗が水蒸気となって、外へ逃げて行かないために、カッパの内部の湿度が高くなってしまうことが原因です。したがって、蒸れをなくすためには、水蒸気を外に逃がすことが必要となります。

　雨の水滴は霧雨で 100 μm、普通の雨で 2000 μm です。これに対して水蒸気は、はるかに小さく 0.0004 μm といわれています。この大きさの違いから、水蒸気は通すが、水滴は通さない程度の大きさの孔を、多数持った膜を用います。これが透湿・防水膜（図 9-3-3）です。膜やシートとして、衣料用途だけでなく、結露防止のための建築用資材としても、広く利用されています。織物の上に透湿・防水膜を形成したモデル（図 9-3-4）を見てみると、膜の織物側には、比較的大きな孔が見えますが、膜の上面には、水蒸気が通るほどの小さな孔が無数に開いているのがわかります。

図 9-3-1 水滴の形状の違い

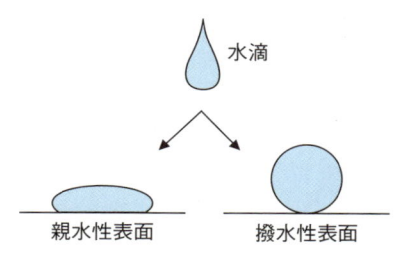

水滴

親水性表面　　撥水性表面

図 9-3-2 ハスの葉と水滴

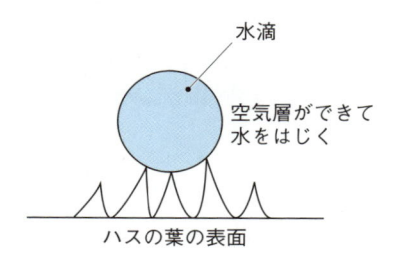

水滴
空気層ができて水をはじく
ハスの葉の表面

図 9-3-3 透湿・防水膜の断面図

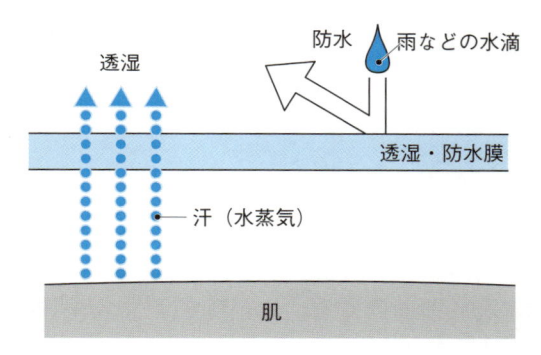

透湿　　防水　雨などの水滴
透湿・防水膜
汗（水蒸気）
肌

図 9-3-4 透湿・防水膜のモデル

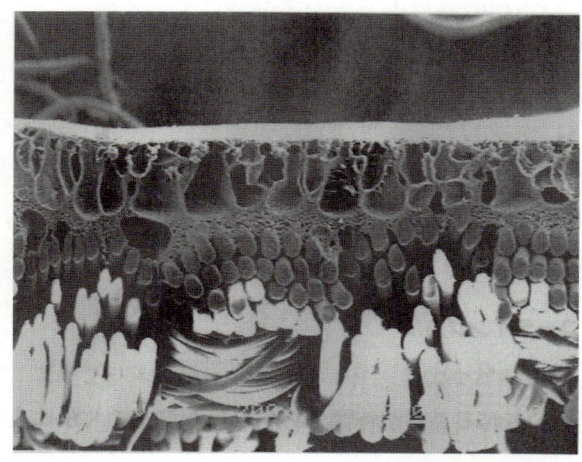

写真提供：小松精錬㈱

9・進化する合成繊維

9-4 軽量保温性

●肩のこらない保温性素材

　保温性は、衣服の重要な機能の1つです。しかし、保温性を高めるために重ね着をしたりすると、重くて肩がこったり、動きが鈍くなったりします。
　ダウン製品は、軽量で保温性もありますが、かさばるため下着などには向いていません。高齢化が進む現代社会では、軽量で、保温性の優れた素材の必要性がますます高まってきており、さまざまな手段で、検討が進められています。

●中空繊維

　空気の熱伝導率は、繊維を形成しているポリマーより小さいので、動かない空気の層を作ることが保温性を高めるために有効です。
　図9-4-1は、ナイロンの中空繊維織物の断面例です。この例では、中空率（断面における面積の割合）が、45％程度といわれています。
　また、異形断面の繊維は繊維束の中に空間ができやすく、空気を取り込みやすいので、これらを利用した各種の異形中空糸が開発されています。

●蓄熱保温繊維

　蓄熱繊維は、太陽の光を熱に変換して繊維自体が暖かくなるとともに、人体から熱が発散するのを防いで保温性を高める繊維です。図9-4-2はその例で、ナイロンやポリエステルの芯部に、太陽光集熱装置などにも利用されている炭化ジルコニウムを練りこんだポリマーを使用しています。スキーウェア、登山服などに利用されています。

●発熱繊維

　繊維は、水蒸気を吸収（吸着）した時に、吸着熱を発生します。発生する熱量は、吸湿量に比例し大きくなります。吸湿量は基本的に天然繊維の方が

多く、中でも羊毛の吸湿量が最も多くなっています。化学繊維の中でも、レーヨンは、比較的吸湿率が高いので、その吸着熱を利用し、かさ高なアクリル繊維による保温性と、異形断面ポリエステル繊維による吸水速乾性などを組み合わせたインナー用の温かな素材も開発されています。

また、アクリル繊維を化学的に改質したアクリレート系繊維では、羊毛を超える給水量を持つものもあり、吸湿発熱を利用した保温素材が開発されています。

このほかにも、温度が下がるとマイクロカプセルに包み込んだ液体が固体に変化し、その時に発熱することを利用する方法なども開発されており、機能加工（仕上げ加工）技術は、ますます進歩すると期待されています。

図 9-4-1　中空繊維織物の断面

写真提供：東レ㈱

図 9-4-2　蓄熱保温繊維

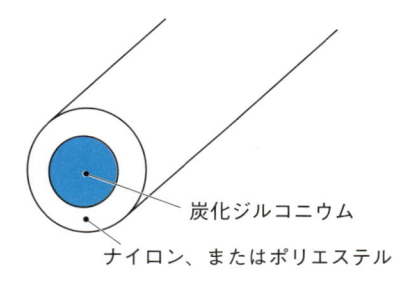

炭化ジルコニウム
ナイロン、またはポリエステル

9-5 消臭・抗菌防臭・制菌素材

　生活水準が向上し、繊維製品にも、より高度な機能が追及されるようになってきました。安全と並び、清潔・健康がそのキーワードの1つです。

●消臭素材

　衣服に関係する悪臭としては、加齢臭、靴下の臭い、食物からくる臭いなどがあげられます。いずれも有機物が分解してできた、揮発性の成分です。消臭の方法として代表的なものは以下の3つです。

1）マスキング

　化粧品やトイレの消臭剤などのように、悪臭をより心地よい香りで覆い隠す方法です。例えば、森林浴効果も持たせた、ヒノキの成分を添加した繊維などが作られています。

2）吸着

　悪臭成分を吸着、除去する方法です。活性炭や、放射性元素の除染で有名になったゼオライトが使われます。ただし、最終的には吸着能力が飽和してしまうという問題があります。

3）化学的分解

　悪臭成分を分解し、臭わなくする方法です。酸化チタンがよく用いられます。酸化チタンは、紫外線のエネルギーで活性化され、悪臭成分を分解します。

　これらの方法では、消臭するための物質を原糸製造段階でポリマーに混合するか、布帛にしてから、仕上げ加工段階で処理するかの、いずれかの方法で付与されます。これらの消臭素材については、一般社団法人繊維評価技術協議会で、その性能と、加工剤の安全性の評価基準が定められており、合格したものには、消臭加工マーク（図9-5-1）をつけて表示することができます。

●抗菌防臭・制菌素材

　抗菌防臭素材とは、消臭素材とは異なり、もともとはにおいの強くない汗や皮脂などが、細菌によって悪臭成分に分解されるのを防ぐものです。特に、

下着や靴下などのにおいの原因である、黄色ブドウ球菌が問題とされます。

　銀、亜鉛、銅などの金属イオンをゼオライトの穴の中に取り込んだものを練りこんで繊維とする方法や、仕上げ加工で布帛に抗菌剤を付与する方法もあります。

　制菌加工は、人体に害のある細菌の、繊維上での増殖そのものを抑制することが目的です。一般家庭のヘルスケア環境の向上を目指すものと、医療機関などのメディカルケア環境の向上を目指すものがあります。

　これらについても一般社団法人繊維評価技術協議会で、一定の評価基準を定め、SEKマーク（図9-5-2）の認証を行っており、目的によって色分けされています。

　これらはあくまでも、より安全な生活環境を提供することを目的としており、治療や予防などの医療用具ではないことに注意が必要です。

図9-5-1　消臭加工マーク

「消臭」の文字はなくともよい

図9-5-2　SEKマーク

用語索引

英字

CAD 136, 150, 152
CAM 136, 150
DTY 56, 57
FY 12, 49
G 100
ISO ケアラベル 160, 161
KES 風合いシステム 114
OSP 56
PAN 20, 21, 40
PET 39, 40
PL 法 170
POY 56, 57
PP 加工性 142
PTT 40, 41
PVA 40
Qmax 113
SD 法 55, 57
SEK マーク 181
SF 12, 49
SG 142
SR 142
TES 148
UV カット加工 142
W&W 性 142

ア行

アクリル 11, 20, 38, 40, 41, 44,
            52, 121, 123, 129, 174, 179
アクリル系繊維 40
アクリレート系繊維 179
麻 ..10, 11, 24, 25, 34, 60, 62, 63, 106, 121
アスベスト 11, 41
畦編 93
畦織 68, 69
アセテート 11, 37, 58, 63, 121, 123, 136
圧絨 126
圧縮 106, 114, 115
アップランド綿 13, 26, 27
後染め 62, 63, 118, 119

アパレル 150
アパレル業界における
　原産国表示マニュアル 162
亜麻 13, 24, 25, 60, 63
編機 82, 83, 85, 96, 98
編組織 88, 90, 94, 99
編針 82, 84, 96, 97
編密度 88
編目 86, 96
編物 14, 15, 60, 82
アメリカサイズ 168
綾織 66, 116
アルカリ減量加工 39, 40, 126, 127
アンゴラ 31
イオン結合 122, 123
イギリスサイズ 168
異形断面繊維 42, 43, 174
居座機 60, 61
意匠紙 64, 65
イタリー式加工 48, 49
一重組織 65
一般仕上げ加工 119, 140
インクジェット捺染 135, 136, 137, 138
インターロック 92, 154, 157
インテグラルニット 85, 102
ウインス染色機 130, 131
ウーリー加工 48
ウール 10
ウェール 86, 87, 88, 94
ウェルト 86, 87, 90, 92, 93, 97
ウォータージェット織機 76, 77
ウォームビズ 144, 145
畝織 68, 69
海島構造 50, 51
羽毛 11
裏目 86, 87, 90
エアジェット織機 76, 77
液流染色機 130, 131
エマルジョン糊 138, 139
塩基性染料 123
延伸 35, 54
延伸仮撚 55, 56
延反 152

182

黄変	38
オートスクリーン捺染	134, 135, 137
オーバーロック	155, 157
オーバーロックミシン	154, 156
筬	72, 75, 88, 89, 94, 100
押し込み加工	48, 49
汚染用グレースケール	146, 147
オパール加工	144
表目	86, 87, 90
織物	14, 15, 60, 75, 82
織物組織	64, 65
オルソコルテックス	30, 31

カ行

蚕	10, 28, 29
開口運動	74, 78
回転バック式（絓糸）染色機	130, 131
ガイド	88
化学繊維	10, 11, 12, 13, 14, 16, 18, 20, 34, 63, 173, 178
革新織機	76
加工糊料	139
加工糸	13, 14, 62, 63
重ね組織	65
カシミヤ	31
荷重・伸長曲線	107
絓糸染色機	130
絓染め	119
片畦編	92
カチオン（系）染料	52, 121, 123, 129
カチオン染料可染型ポリエステル	121
カット・アンド・ソー（カットソー）	84, 85
カットパイル	70
家庭用品品質表示法	24, 158
鹿の子編	93
ガラス繊維	11
柄出し	78
搦組織	65, 68, 71
仮撚加工	13, 48, 49, 56, 57
カレンダー加工	140, 143
含気性	113
含金属酸性染料	123
乾式紡糸	34, 35
乾湿式紡糸	37
緩斜文	68
完全組織	66, 78
かん止め縫い	155

環縫い	156
かんぬき止めミシン	156
官能基	52
顔料	120, 121
機械編	82
絹	10, 11, 12, 13, 14, 28, 29, 34, 40, 42, 46, 47, 50, 63, 66, 68, 106, 121, 123, 129
絹の道（絹の道資料館）	32
機能加工	15, 119, 142, 179
基本身体寸法	164
擬麻加工	144
起毛加工	140, 142, 143
擬毛加工	48
逆ハーフ編	95
キャメル	31
キャリアー	52, 129
吸汗速乾加工	144, 145
吸湿性	112, 113, 174, 175
吸湿発熱加工	144, 145
吸水性	112, 113, 174, 175
キュプラ	11, 36, 63
共重合	40, 52, 54
強撚糸	63, 116
共有結合	122, 123
金属錯塩染料	121
金属繊維	11, 173
金属メッキ繊維	173
空気噴射法	49
クールビズ	144, 145
ぐし縫い	155
管巻	72, 73
靴下編機	82, 99, 100
組立て縫製	152
クリアカット仕上げ	127
グリッパー	76, 77
形態安定加工	27, 142
軽量保温性	178
ゲージ	100
毛玉	108, 109
結合形式	120
結晶化	35
結晶部	52, 53
毛焼き	124, 125
原産国	162,163
捲縮	13, 30, 44, 48
検反	152
原毛染色	119
高吸水性	175

工業用編機ゲージ..................................100	ジアセテート 37
抗菌防臭 180	ジッガー染色機................................130, 131
航空機 19	しつけ縫い..155
抗スナッグ加工 144	湿式紡糸...............................34, 35, 36, 40, 44
合成糊料 138, 139	実用的機能..118
合成繊維 11, 12, 14, 16, 29, 36, 38,	指定外繊維..158
41, 42, 44, 48, 50, 54, 58, 63,	自動車..18, 19
106, 110, 112, 126, 128, 144, 172	自動織機...75, 76
合成染料 120	紗 65, 71
高速紡糸 57	ジャージ...84, 92
公定水分率 30, 113	ジャカード式開口装置..................78, 79, 98
鉱物繊維 11	斜行..116
高分子 11, 34	煮絨..126
コージュロイ 65, 70, 71	シャットル..................60, 73, 75, 76, 80
コース 86, 87, 88, 92, 93, 94	シャットル織機................................74, 77
コード編 94	シャットルレス織機............................76
コール天 70, 71	斜文織..................62, 63, 65, 66, 67, 68, 78
コールド・パッド・バッチ法 132, 133	重合..54
コーン 119, 129	収縮率差（混織）........................46, 47, 49
極細繊維 50, 51, 174, 176	柔軟加工..140
コットン 10	獣毛..11, 31
コットン式編機 99	縮絨..126
コットンボール 26, 27	朱子織..................46, 63, 65, 66, 67, 68
コットンリンター 36	樹脂加工..140
ゴム編 90	消臭..180
混合組織 65	蒸絨..126
混繊糸 46, 47	消臭加工マーク............................180, 181
混紡 12, 27, 39, 40, 46, 63	情報的機能..118
	織布染色..119
サ行	植物繊維..11
	シリンダー..98
再帰反射加工 144	シルク..10
サイクルミシン 156	シルク博物館..32
サイズ絵表示 168	シルクライク..126
サイズ表示 164, 168	シルクロード..28
再生繊維 11, 14, 36, 63	シルケット加工........................26, 124, 125
サイド・バイ・サイド 44, 45	シロセット加工......................................144
先染め 14, 62, 63, 118, 119	しわ..108
雑貨工業品品質表示規程 158	シングルアトラス編........................94, 95
サテン 66, 68	シングルコード編....................................94
サプライチェーン 150	シングル組織..92
三角断面繊維 42, 43	シングルデンビー編........................94, 95
三原組織 65, 66, 68, 90, 94	シングルニット..92
酸性染料 52, 121, 123, 129	シングルバンダイク編............................94
酸性媒染染料 121, 129	新合繊..58
サンフォライズ加工 140, 141	人工透析..20, 21
仕上げ 152	人工皮革..50, 51
仕上げ加工 15, 118, 119, 135, 140, 179	芯・鞘構造..44

深色化加工	144
芯接着	152
浸染	122, 128, 135
人造絹糸	11
人造繊維	10, 11, 34
伸長回復性	41
靭皮繊維	11, 24
水素結合	122, 123
すくい縫い	154, 155, 156
スクリーン捺染	138
スケール	30, 31, 111, 126, 127
スチール繊維	18
ステープル	12, 14, 37, 39, 46, 48, 50, 110, 140, 144
ストーンウォッシュ加工	144
ストッキング編機	99
ストレッチ	62, 63
スナッグ	83, 108, 109
スパン	12, 62, 63
スパンデックス	41
スポンジング	152
スムース編	92
寸法安定性	110
寸法列記	168
制菌	180
整経	72, 73
成形編機	99
成形編地	85
製織	74, 75
製織準備	72, 73
製造物責任法	170
制電性	172
製品染め	119, 132, 133
精錬	28, 40, 63, 124
セーター編機	99
石綿	11
接着プレス機	152, 153
セッパ縫い	155
セリシン	28, 29, 40
セルロース	11, 24, 34, 36, 37, 110, 124, 129
繊維製品品質管理士	148
繊維製品品質表示規程	158
洗絨	126
染色	14, 15, 63, 118, 122
染色加工	118
染色仕上げ加工	118, 119
せん断	114, 115

染着機構	122
剪毛加工	140, 142, 143
染料	120, 121, 122, 129
染料種族	120, 123
綜絖	72, 74, 78
組織図	64, 67, 88
組成表示	158, 159
梳毛織物	63

タ行

体型区分	165, 166, 167
体型区分表示	164
耐光性	41
帯電防止加工	140
台丸編機	92, 100
タイヤ	18, 19
ダイヤル	98
多孔構造	174
多重織	63
多層・多芯型	45
タック(編)	86, 90, 92, 93, 97
たて編	86, 88, 89, 94, 95, 102
たて編機	84, 100, 101
たて糸(経糸)	60
たて糸切断停止装置	75
建染染料	120, 121, 123, 129, 132
竪機	60
ダブル組織	92
タペット式開口装置	78, 79
玉縁縫い	155
ダメージ棒法	108, 109
単環縫い	154, 156
単数表示	166, 167
短繊維	12
炭素繊維	11, 19, 20, 173
反染め	119
チーズ	119, 129, 130
蓄熱保温繊維	178, 179
千鳥縫い	155, 156
着色剤	120, 121
中空繊維	20, 42, 43, 174, 175, 178, 179
昼夜組織	68, 69
超高速紡糸	56, 57
長繊維	12, 28
直接染料	120, 121, 123, 129
直接捺染法	134, 138
苧麻	10, 13, 24, 25

185

ツイル	66
通気性	113
通糸	78, 79
吊編機	92, 99, 100
手編み	82, 90
適合番手	100
手織機	76
電磁波シールド	173
転写捺染	135, 136, 137
テンセル®	36
天然糊料	138, 139
天然色素	120, 121
天然繊維	11, 12, 14, 16, 28, 29, 30, 34, 38, 50, 178
天然ポリマー	14
等温吸湿曲線	30, 31
透湿・防水膜	176, 177
透湿性	112
導糸針	88, 89, 94, 100
同心円型	44, 45
導電繊維	172, 173
動物繊維	11
特定衣料寸法	164
特別組織	65, 68, 69
閉じ目	86, 87, 94
ドビー式開口装置	78, 79
度目	88
ドラム染色機	132, 133
トリアセテート	37
取扱い絵表示	158, 159, 160, 161
トリコット編機	96, 100, 101
トルク	116

ナ行

ナイロン（ナイロン6、ナイロン66）	11, 18, 35, 38, 39, 40, 48, 52, 58, 63, 108, 112, 121, 123, 129
梨地織	68, 69
捺染	15, 118, 120, 122, 123, 134, 135
斜子織	65, 68, 69
ナフトール染料	120, 121
二重織	62
二重環縫い	154, 156, 157
二重組織	65, 70
ニット	82, 84, 86, 92, 93, 97, 102, 103, 116
ニット・デニット	49

熱移動	112, 113
熱可塑性合成繊維	110
熱収縮	44, 110
熱伝導	112, 113
ネップ	152
根巻き縫い	155
眠り穴かがり	155
糊付け	72, 73, 140
糊抜き	124

ハ行

パーツ縫製	152
ハーフトリコット編	95
パール編	90, 91, 93, 96
配位結合	122, 123
ハイグラルエキスパンション	30, 111
配向	34, 35, 56
パイル編	93
パイル織	62, 63, 70
パイル組織	65, 70
バインダー	120
機掛け	72, 73
蜂巣織	68, 69
パッケージ染色機	129, 130
発色性	53
撥水	63, 142, 158, 176
抜染法	135, 136, 138, 139
バッチ式	54, 128
パッド・サーモフィックス法	132, 133
パッド・スチーム法	132, 133
バット染料	120, 121, 123, 129, 132
発熱繊維	178
撥油加工	142
鳩目穴かがり	155
パドル染色機	132, 133
パラコルテックス	30, 31
針床	84, 98, 99, 100
破裂強さ	106, 107
範囲表示	166, 167
半合成繊維	11, 63
半成形編地	85
ハンドスクリーン捺染	134, 135, 137
反応染料	120, 121, 123, 129, 132
杼	61, 73, 75, 76
ヒートセット	110, 126, 140
ビーム染色機	130, 131
引裂（強さ）	106, 107

186

杯口	74
ピクトグラム	168
非結晶部	52, 53
ひげ針	82, 96, 97, 99
ひげ針機	99
ビスコース	36
ビスコースレーヨン	36
ピッチ	20
引張（強さ）	106, 114, 115
ビニロン	11, 38, 40
表面	114, 115
平編	90, 92, 93, 99
平織	60, 63, 65, 66, 67, 68, 78
開き目	86, 87, 94
ピリング	108, 144
ピル	83, 108, 109
ファンデルワールス結合	122, 123
フィブリル	29
フィブリル化	25, 29, 37
フィブロイン	28, 29
フィラメント	12, 13, 28, 39, 46, 48, 62, 63, 108, 110
フィラメント加工	15
風合い	15, 114, 140
フェルト化	30, 111
複合繊維	44, 45, 50, 144
複合縫い	156
複合針	96, 97
複合紡糸	44, 45, 50
袋織	65, 70, 71
縁かがり縫い	154, 155, 156
不当景品類及び不当表示防止法	162
不当表示	162, 163
部分配向糸	56
フライ・シャットル織機	61
フライス編機	100
フラックス	10
フラットスクリーン捺染	134
プリーツ	144
ブルースケール	146
フルファッション編機	92, 96, 99
プロジェクタイル	76, 77
フロック加工	144
分割・溶出型	45
分散染料	52, 53, 121, 123, 129
噴射式（絞糸）染色機	130, 131
分離表示	158, 159
別珍	65, 70, 71

経通し	72, 73
べら針	96, 97
ヘルド	72, 74, 75, 78
編成	96
編成記号	89, 91, 93
変退色用グレースケール	146, 147
偏平縫い	155, 156, 157
ベンベルグ®	36
防炎加工	142
防汚加工	142
紡糸	34, 54, 56
紡糸直結延伸	54, 55
防縮加工	140
膨潤収縮	110, 111
防水	62, 63, 112
縫製	15, 84, 152, 154
紡績（糸）	12, 13, 14, 15, 46
防染	135, 136, 138, 139
放反	152
防抜染	136, 138, 139
ホールガーメント®	85
保温性	112, 113, 178
ポリアクリロニトリル	40
ポリウレタン	41
ポリエステル	11, 16, 18, 27, 35, 38, 39, 40, 47, 48, 52, 54, 56, 58, 63, 108, 110, 112, 121, 123, 126, 129, 132, 136, 140, 144
ポリエチレンテレフタレート	39
ポリトメチレンテレフタレート	40
ポリビニルアルコール	40
ポリマー	11, 14, 34, 36, 38, 40, 42, 44, 52, 54, 120, 174
本縫い	154, 155, 156

マ行

間	100
マーセル化	26
巻き返し	72, 73
巻き取り運動	75
曲げ	106, 114, 115
摩擦帯電列	172, 173
摩耗	106
摩耗強さ	106
丸編	88, 98, 102
丸編機	83, 84, 90, 92, 93, 96, 98, 100
ミクロフィブリル	29

ミシン 154
ミス 86, 87, 97
ミューレン法 107
ミラニーズ編機 100
ミルド仕上げ 127
無機繊維 11
無杼織機 76
無縫製コンピュータ横編機 85
無縫製ニット 102
無縫製横編機 85
メース法 108, 109
メリノ種 13, 30, 31
メリヤス 82, 84, 104
綿 10, 11, 12, 13, 16, 26, 27, 34,
         60, 62, 63, 66, 68, 106, 110, 112,
         121, 123, 124, 128, 129, 132, 140
モアレ加工 144
モノフィラメント 12
モノマー 38
モヘヤ 31
紋織物 63
紋組織 65

ヤ行

野蚕(調) 46, 47
有杼織機 76, 77
養蚕 28
葉脈繊維 11, 24
羊毛 ..10, 11, 12, 13, 30, 31, 34, 39, 44, 48,
       111, 112, 121, 121, 123, 128, 129, 144
溶融紡糸 34, 35, 38, 39, 44
ヨーロッパサイズ 168
よこ編 86, 88, 89, 90, 92, 98, 102
横編 88, 98, 102
よこ編機 84, 98
横編機 84, 85, 90, 92, 93, 96, 98, 100
よこ糸(緯糸) 60
よこ糸切断停止装置 75
よこ糸補充装置 75
よこ入れ運動 74

ラ行

ラダリング 83, 89
ラッシェル編機 96, 100, 101
ラミー 10, 63
力織機 61, 76

リップル加工 144
リネン 24
リブ編 90, 91, 92, 93
流下緊張法 36
硫化染料 120, 121, 123
流体押し込み加工 48, 49
両畦編 92
両頭針 96, 97
両面編 90, 92, 93
リヨセル 11, 36
リラックス処理 126, 127
リンキング機 98
リンクス編 90
ループ 70, 82, 96
ループパイル 70
ルーメン 26, 27
レーヨン 11, 19, 36, 37, 44, 63, 68,
         106, 110, 112, 121, 123, 132, 178
列記表示 158, 159
レピア織機 76, 77
連続重合紡糸 54, 55
連続染色 132
絽 65, 71
ロータリースクリーン捺染 134, 137
ローラー捺染 136, 137, 138

ワ行

輪奈 70, 82

■参考文献

『図説繊維の形態』　㈳繊維学会　㈱朝倉書店
「繊維学会誌」Vol.64,No.9（2008）
『やさしい産業用繊維の基礎知識』　加藤哲也・向山泰司　㈱日刊工業新聞社
「繊維学会誌」Vol.66,No.6（2010）
『第3版　繊維便覧』　㈳繊維学会　丸善出版㈱
『ニューファイバーサイエンス』　篠原昭・白井汪芳・近田淳雄　培風館
『新訂　繊維製品の基礎知識』　㈳日本衣料管理協会
「繊維学会誌」Vol.58,No.10（2002）
『ポリエステル繊維』　横内澪・中村至　㈱コロナ社
『ハイテク高分子材料』　中島章夫・筏義人
「繊維学会誌」Vol.60,No.4（2004）
「繊維学会誌」Vol.44,No.3（1988）
『なぜ木綿』　日比暉　㈶日本綿業振興会
『改訂　衣服繊維・材料学』　山田都一　コロナ社
『繊維総合辞典』　㈱繊研新聞社
「繊維技術ハンドブック」　東京都立繊維工業試験場
『知っておきたい繊維の知識424』　日本繊維技術士センター（JTCC）ダイセン㈱
『もめんのおいたち』　㈶日本綿業振興会
『VISUAL ENGINEERING 図解 繊維がわかる本』　平井東幸　日本実業出版社
『繊維の百科事典』　本宮達也・高寺政行・成瀬信子・原一正・鞠谷雄士・高橋洋・浜田州博・峯村勲弘　丸善出版㈱
『編地用語109選』　ファッションビジネス学会
『新・現代ニット教本』　伊藤英三郎　㈱チャネラー
『ニットアパレルⅡ』　繊維産業構造改善事業協会
「アパレル品質管理ハンドブック」　繊維流通研究会
「色彩能力検定テキスト」　㈳全国服飾教育者連合会
『高分子材料のすべて』　㈱日刊工業新聞社
「実用染色講座」　㈱色染社
『ファッションのための繊維素材辞典』　一見輝彦　ファッション教育社
「加工技術」Vol.38,No.5（2003）
「テキスタイル・エンジニアリング・2　織物・ニットから染色と仕上げへ」　日本紡績協会　繊維工業構造改善事業協会
『ナイロン繊維の染色』　日本染色新聞社
『染色　三訂版』　近藤一夫監修　電機大出版局
「繊維技術ハンドブック」　東京都立産業技術研究センター
「繊維機械学会誌」Vol.61,No.2（2008）
「繊維学会誌」Vol.56,No.4（2000）

「繊維学会誌」Vol.65,No.9 (2009)
『FUTURE TEXTILES —進化するテクニカル・テキスタイル—』 堀照夫監修 ㈱繊維社
「繊維学会誌」Vol.61,No.2 (2008)
『最新の衣料素材』 ㈳繊維学会 文化出版局

(順不同)

■**写真提供**
里山のクラフト便り
AWI 日本支社／日本毛織株式会社
日本化学繊維協会
帝人ファイバー株式会社
ユニチカ株式会社
トヨタテクノミュージアム産業技術記念館
株式会社豊田自動織機
株式会社島精機製作所
内外特殊エンジ株式会社
株式会社小松原
一般財団法人日本規格協会
株式会社サンコウ電子研究所
JUKI 株式会社
東洋紡績株式会社
クラレトレーディング株式会社
小松精錬株式会社
一般財団法人ボーケン品質評価機構
旭合繊維株式会社
東レ株式会社
日本マイヤー株式会社
株式会社内田染工場
田澤壽

(順不同・敬称略)

■編者紹介
日本繊維技術士センター(JTCC)
　一般社団法人日本繊維技術士センター(略称JTCC)は、技術士法に基づく国家試験に合格した技術士(主に繊維部門)を中心にした団体。本部は大阪にあり、東京と名古屋に支部がある。
　300名余りの会員が、企業の人材育成教育支援、一般向け教育講座の開催、各種技術支援を行っている。

■著者紹介
福原基忠(ふくはらもとただ)
福原技術士事務所所長、日本繊維技術士センター理事・関東支部長、日本技術士会会員
【執筆担当：第1・2・3・9章、第1・2・3章のコラム】

髙橋光雄(たかはしみつお)
髙橋技術士事務所所長、日本繊維技術士センター評議員、日本技術士会会員
【執筆担当：第4・5章、第4・5章のコラム】

吉田泰教(よしだやすのり)
ボーケン品質評価機構東部事業所所長、日本繊維技術士センター会員
【執筆担当：第6章、第6章のコラム】

早貸正幸(はやかしまさゆき)
早貸技術士事務所所長、日本繊維技術士センター評議員、日本技術士会会員
【執筆担当：第7章、第7章のコラム】

友金弘子(ともがねひろこ)
トモガネアパレル品質研究所所長、日本繊維技術士センター評議員、日本技術士会会員
【執筆担当：第8章、第8章のコラム】

- ●装丁　　　　　　中村友和(ROVARIS)
- ●作図＆イラスト　下田麻美
- ●編集＆DTP　　　ジーグレイプ株式会社

しくみ図解シリーズ
繊維の種類と加工が一番わかる

2012年7月25日　初版　第1刷発行
2015年7月10日　初版　第3刷発行

編　者　　日本繊維技術士センター
発行者　　片岡　巌
発行所　　株式会社技術評論社
　　　　　東京都新宿区市谷左内 21-13
　　　　　　　電話　03-3513-6150　販売促進部
　　　　　　　　　　03-3267-2270　書籍編集部
印刷／製本　株式会社加藤文明社

定価はカバーに表示してあります。

本書の一部または全部を著作権法の定める範囲を超え、無断
で複写、複製、転載、テープ化、ファイル化することを禁じます。

Ⓒ2012　福原基忠、髙橋光雄、吉田泰教、
　　　　早貸正幸、友金弘子

造本には細心の注意を払っておりますが、万一、乱丁（ページの乱れ）
や落丁（ページの抜け）がございましたら、小社販売促進部までお送
りください。送料小社負担にてお取り替えいたします。

ISBN978-4-7741-5137-3 C3058

Printed in Japan

本書の内容に関するご質問は、下記の
宛先まで書面にてお送りください。お
電話によるご質問および本書に記載さ
れている内容以外のご質問には、一切
お答えできません。あらかじめご了承
ください。

〒162-0846
新宿区市谷左内町 21-13
株式会社技術評論社　書籍編集部
「しくみ図解シリーズ」係
FAX：03-3267-2271